Essen aus der Natur

Essen aus der Natur

Kräuter, Beeren, Pilze sammeln und verwenden

Stiftung Warentest

Michael Breckwoldt

Inhalt

Die neue Lust an wilden Pflanzen

In den letzten Jahren ist – nicht nur hierzulande – eine neue Liebe erwacht. Prägnant bringt sie der Titel einer Zeitschrift auf den Punkt: Landlust. Wer hätte gedacht, dass in Zeiten wachsender Metropolregionen und dem Sog kosmopolitischer Lebenswelten, die sich am Lifestyle einiger Megacitys wie New York, London, Tokio und Paris orientieren, plötzlich das Interesse am Landleben solch einen Aufschwung nimmt? Vielleicht ist es, wie so häufig, eine Art Gegenbewegung, die sich gerade vollzieht. Je mehr man im Zeichen der Hektik lebt, desto mehr entsteht ein Bedürfnis nach Erdung. Je gleichförmiger und austauschbarer die Einkaufszentren weltweit werden, desto stärker wird der Wunsch nach Unverwechselbarkeit und lokaler Besonderheit. Und je undurchschaubarer und weitgespannter die Warenströme fließen und der Konsum zu nimmt, mit all seinen Folgen für die Umwelt, desto mehr sehnt man sich nach Vorgängen, die durchschaubar sowie nachvollziehbar sind, und nach Möglichkeiten, ein nachhaltiges Leben zu führen. Für diese Sehnsucht steht schon seit jeher das Leben auf dem Land. Dass damit immer auch ein Klischee transportiert wird, nimmt man gerne in Kauf. Denn man erfährt in den mittlerweile vielen neuen Magazinen zu diesem Thema recht anschaulich, dass es sie wirklich noch gibt, die traditionellen Handwerksbranchen, die Beziehung des Bauern zur Erde und die guten alten Obstsorten.

Zur Natur vor der Haustür gehören – ganz ohne Frage – auch Wildkräuter, Pilze und Wildobst. Jahrhundertelang bildeten sie für viele Menschen eine wichtige Grundlage der täglichen Ernährung. Noch während des Zweiten Weltkriegs und kurz danach haben sie zumindest die Nahrung ergänzt und viele Menschen vor Mangelerscheinungen bewahrt. Und auch für die Zeit vor diesem Krieg finden sich noch Hinweise darauf, dass Wildkräuter Teil des Speiseplans waren, so in dem Werk „Bürgerliches Kochbuch: erprobt und bewährt", das in mindestens fünf Auflagen rund hunderttausendmal verkauft wurde. Dort sind zum Beispiel zwanzig essbare Pilze illustriert, es finden sich Rezepte zu Holunderbeer- und Hagebuttensuppe, Löwenzahnsalat sowie Anleitungen, wie zum Beispiel Berberitzen und Preiselbeeren eingekocht werden können. In einem anderen Kochbuch aus dieser Zeit werden Hagebutten zu einer Sauce, Sauerampfer zur Suppe sowie Brennnesseln, Löwenzahn und Sauerampfer als Blattgemüse ähnlich wie Spinat verarbeitet. Gerade dem Sauerampfer galt durch die Jahrhunderte hindurch ein besonderes Augenmerk. Neben seiner Eignung als Gemüse wurde er auch zum Würzen, Säuern und als wichtige Vitamin-C-Quelle genutzt. So berichten die Autoren Anne Dünnebier und Gert von Paczensky in ihrer „Kulturgeschichte des Essens und Trinkens", dass die Samen (Lappen) im Sommer Sauerampfer sammelten, zu Brei verkochten und in Rentiermägen trocknen ließen, um so einen Vorrat für den Winter zu haben. Lange bevor die Wissenschaft die Vitamine entdeckte, hatte das nordskandinavische Volk also deren gesundheitsfördernde Wirkung schon erkannt.

Viele der Wildpflanzen waren eben nicht nur als Grundnahrungsquelle wichtig, sondern auch innerhalb der Volksmedizin etabliert. In vielen Hausbüchern wurde ihre wohltuende Wirkung beschrieben und beschworen: So galt Scharbockskraut lange als ein sicheres Mittel gegen die Mangelkrankheit Scharbock, besser bekannt unter dem Namen Skorbut. Ehemals lernte man oft schon als Kind die hilfreichen Pflanzen kennen – als Erwachsener griff man dann ganz selbstverständlich zum Wermut, wenn beispielsweise der Magen zwickte. Man wusste schließlich aus eigener Erfahrung, dass diese „bittere Medizin" guttat. Und der Aspekt der Gesundheit rückt heutzutage wieder in den Fokus, wenn es um Wildkräuter geht. Dabei spielt die sanfte Medizin eine Rolle. Viele Menschen bauen bei Unwohlsein wieder auf natürliche Heilmittel wie Kräutertees. In den Pflanzen-Steckbriefen dieses Buchs werden daher unter der Rubrik „Wissenswertes, Anekdoten" auch Erkenntnisse aus der Volksheilkunde zitiert. Da für die Bewertung einer therapeutischen Wirksamkeit durch die Stiftung Warentest klinische Studien stets unabdingbar sind, werden diese Erkenntnisse aber nicht im Rahmen einer Bewertung von Wirksamkeit und Nutzen berücksichtigt.

Das stark gestiegene Interesse an naturbelassener Nahrung macht den Wildwuchs neben ökologisch angebauten Produkten interessant für die tägliche Ernährung. Michael Pollan betont in seinem Buch „Lebensmittel", dass es einem viel besser geht, wenn man statt industriell verarbeiteter Nahrungsmittel frische, intakte Lebensmittel isst. Die öffentliche Skepsis gegenüber der Nahrungsmittelindustrie tut ein Übriges, je mehr der dort betriebene Etikettenschwindel offenbar wird. In Kalbsleberwurst gibt es keine Kalbsleber und in Zitronenkuchen keine Zitrone mehr. „Vanillearoma etwa wird in der Regel aus Holzabfällen der Papierindustrie gewonnen, einzelne Bestandteile des Erdbeeraromas stammen aus Holzspänen. Was nach Pfirsich schmeckt, kommt aus Schimmelpilzkulturen", berichtete das Hamburger Wochenmagazin „Der Spiegel" unter der Überschrift ‚Die Geschmacksillusion' in seiner Ausgabe vom 12.10.2009.

Und so schenken viele Menschen wieder wesentlich öfter beispielsweise dem Löwenzahn, Scharbockskraut und Sauerdorn (Berberitze) Aufmerksamkeit, denn sie besitzen – wie all die anderen Kräuter und Früchte aus der Natur – noch ihren unverfälschten Geschmack. Zudem kann man hier ganz sicher sein, dass nichts anderes drin ist, als die für die Pflanzenart nachgewiesenen Inhaltsstoffe – vorausgesetzt, man sammelt nicht an stark befahrenen Straßen, an den Rändern gespritzter Felder oder stark frequentierter Spazierwege. Der Wildwuchs ist oft reicher an Mineralstoffen, Vitaminen und Proteinen als Obst und Gemüse aus dem Handel. Hagebutten und Sanddorn enthalten zum Beispiel etwa dreißig Mal mehr Vitamin C als Zitronen.

Außerdem überrascht die Natur mit einem Reichtum an Aromen. Vor rund vier Jahrzehnten begannen Spitzenköche diese neuen und teils ungewöhnlichen Geschmacksvarianten für die Küche zu entdecken. Einer der renommiertesten von ihnen, der Franzose Jean-Marie Dumaine, hat sich mittlerweile einen Namen als Wildpflanzenkoch gemacht. Seit 1979 betreibt er das Restaurant „Vieux Sinzig" im 40 Kilometer südlich von Bonn gelegenen Sinzig. Schon vor mehr als dreißig Jahren fing er an, die „wilden" Aromen in die Feinschmeckerküche zu integrieren. In seinem Buch „Kochen mit Wildpflanzen" bringt er seine Erfahrungen auf den Punkt, wenn er die Geschmackssensationen unserer natürlichen Umwelt mit Rohdiamanten vergleicht, die im Verborgenen aufgespürt werden müssen und deren wahrer Glanz erst eine kulinarische Veredlung zutage fördert. Einige seiner Zubereitungstipps und Rezepte in diesem Buch zeigen anhand der kreativen Experimentierfreude Jean-Marie Dumaines, welches Potenzial im Wildwuchs steckt.

Die Natur ist einfach der beste Küchenchef. Auch Ralf Hiener, ein bekannter Koch in vierter Generation, sowie Olaf Schnelle, ein engagierter Gärtner, gelangten zu dieser Erkenntnis. So gründeten sie vor zehn Jahren in Mecklenburg-Vorpommern die „Essbaren Landschaften", eine einzigartige Gärtnerei, die sich auf den Anbau und die Veredlung seltener Wild- und Würzkräuter sowie essbarer Blüten spezialisiert hat und sie sogar verschickt (siehe Seite 242).

Wildpflanzen haben mittlerweile in der modernen Küche ihren festen Platz. Dieses erkennen nicht nur Spitzenköche, sondern immer mehr Menschen, die Wert auf gesunde Ernährung legen. Wer sich das Kraut nicht per Post kommen lassen möchte, schwirrt aus in die Natur, „erschnuppert", schmeckt und entschlüsselt das Grünzeug selbst, das ihm vor der Nase wächst. Später werden die kulinarischen Trophäen zu Hause ausgebreitet und zu Leckereien verarbeitet – das ist Erlebnisgastronomie pur. Wildpflanzen sind ein herrlicher Genuss! Vielleicht wird dieses Buch auch bei Ihnen den Geschmack auf wilde Kost wecken.

Feld und Wege

Acker-Senf *(Sinapis arvensis)*

Mai bis Oktober *20 bis 60 Zentimeter*

Wilder Senf, Ackerkohl, Gelbes Steinkraut

Fundorte

Auf Äckern, Brachland und in Gärten. Die Pflanzen bevorzugen nährstoffreiche Lehmböden.

Merkmale und Verwechslungsgefahr

Die Pflanze wächst aufrecht. Der behaarte Stängel verzweigt sich meist nach oben hin. Auch die graugrünen Blätter sind behaart. Nahe dem Boden sind diese stark gebuchtet und gezähnt, im oberen Bereich der Pflanze hingegen nur gezähnt. Die Blüten sitzen in Trauben zusammen, ihre grünen Kelchblätter stehen waagerecht ab.

Verwechslungsgefahr besteht mit dem Hederich *(Raphanus raphanistrum),* dessen grüne Kelchblätter jedoch aufrecht stehen und dessen Stängelblätter schmaler sind. Auch der Hederich ist essbar.

Was wird gesammelt?

Blätter, Triebe, Stängel, Blüten und Samen.

Inhaltsstoffe und Geschmack

Fettes Öl, das Senfölglykosid Sinalbin und Schleimstoffe. Der Geschmack ist scharf.

Verwendung

Blätter, Triebe und Stängel nutzt man als Zutat für Salate und Gemüsegerichte. Die Blüten dienen zur Dekoration. Die reifen Samen können gemahlen und mit etwas Essig und Salz zu Senf verarbeitet werden.

*Folgendes Rezept für einen Wildkräutersalat mit Senf und Brunnenkresse stammt von Ralf Hiener (**siehe Seite 13**). Sie brauchen für den Salat:* **150 Gramm Brunnenkresse,** *die von den Stielen getrennt wurde,* **8 in Scheiben geschnittene Radieschen** *und* **20 Gramm Senfblätter.** *Eine Vinaigrette mixen Sie aus* **40 Milliliter Distelöl, 20 Milliliter Balsamico-Essig** *und* **1 Teelöffel süßem Senf** *sowie* **Salz** *und* **weißem Pfeffer** *und richten den Salat damit an.*

Wissenswertes, Anekdoten

Die Pflanze wurde durch den Ackerbau aus dem Mittelmeergebiet bei uns „eingeschleppt". Sie galt in unseren Breiten schon in der Bronzezeit, also vor mehr als 3 000 Jahren, als Unkraut.
Der Acker-Senf ist milder als der Weiße Senf *(Sinapis alba)*, aus dem die Senfpaste hergestellt wird. Doch auch aus zerstampften Samen des Acker-Senfes lassen sich Breiumschläge herstellen, die die Durchblutung fördern – so die Volksmedizin. Das hilft gegen Gelenk- und Rheumaschmerzen. Zuvor sollte eine fetthaltige Salbe auf die Haut aufgetragen werden, um eine mögliche Reizung zu unterbinden. Senf soll auch fiebersenkend wirken und Erkältungen lindern.
Interessant: Geschmack und Heilwirkung verdankt der Senf dem Senföl Isothiocyanat. Dieser sekundäre Pflanzenstoff schützt möglicherweise vor krebserregenden Substanzen wie polyzyklischen aromatischen Kohlenwasserstoffen (PAK). Sie entstehen zum Beispiel auch, wenn beim Grillen Fett oder Fleischsaft in der Glut verbrennt. Den tumorblockierenden Effekt von Senf wiesen Biologen der Uniklinik Freiburg an Blutproben von Menschen nach, die täglich 20 Gramm scharfen Senf verzehrten.

Breit-Wegerich *(Plantago major)*

Juni bis Oktober *5 bis 30 Zentimeter*

Großer Wegerich, Roter Wegerich, Sauohr, Siebenoddernbleer, Vogelkraut, Lügenblatt, Bräutigamskraut, Heilblatt, Hühneraugenwurz

Fundorte

Auf Wegen, Rasenflächen, Weiden, Ödland und an Uferböschungen. Die Pflanze kommt vor allem auf verdichteten Böden vor, und sie ist trittfest.

Merkmale und Verwechslungsgefahr

Die Pflanze besteht aus einer Rosette großer gestielter, eiförmiger Blätter, die jeweils von fünf bis neun starken Nerven parallel durchzogen werden. Die Blätter sind dunkelgrün und derb. Aus ihrer Mitte entspringt ein blattloser Stängel, der die unscheinbaren, langen Blütenähren trägt. Eine Verwechslung ist höchstens mit dem ebenfalls essbaren Mittleren Wegerich *(Plantago media)* möglich, dessen Blätter jedoch nur kurzgestielt sind. Auch die Blütenähren sind nur kurz, dafür aber flauschiger als beim Breit-Wegerich.

Was wird gesammelt?
Blätter, Blütenknospen und Samen.

Inhaltsstoffe und Geschmack
Schleimstoffe, Saponine, Flavonoide, Kieselsäure, Zink, Kalium sowie viel Vitamin C und Vitamine der B-Gruppe. Blätter und Blüten schmecken nach Champignon.

Verwendung
Junge Blätter schmecken gut in einem Salat. Man pflückt sie am besten aus der Mitte der Blattrosette. Ältere Blätter lassen sich in Suppen und Gemüsegerichten verarbeiten. Um ihren dominanten Geschmack abzumildern, mischt man sie am besten mit anderen Wildgemüsearten. Man kann aus den Blättern auch ein Art Sauerkraut herstellen.
Die Samen werden wie Grünkern unter Gemüsegerichte gemischt.

Die geschlossenen Blütenstände können in Olivenöl eingelegt werden: Dazu vermischen Sie **300 Gramm Knospen** *mit* **1 Esslöffel Meersalz** *und lassen alles drei Tage lang im Kühlschrank durchziehen. Danach verteilen Sie die Kräutermasse auf etwa 7 Einmachgläser (diese werden je zur Hälfte gefüllt) und bedecken sie mit* **Olivenöl.** *Verschließen Sie dann die Gläser und kochen Sie alles bei 75 bis 80 Grad im Backofen ein.*

Wissenswertes, Anekdoten
Der Spitzwegerich *(Plantago lanceolata)* ist genau wie der Breit-Wegerich in der Küche zu verwenden. Beide Arten spielen auch als Heilpflanzen eine wichtige Rolle. Aufgrund ihrer antibakteriellen Wirkung helfen sie sehr gut bei Verletzungen und Entzündungen der Haut.
Zur Ersten Hilfe können Blätter gepflückt, etwas weich gekaut oder zwischen den Fingern zerrieben und dann auf die frische Wunde gelegt werden. Als Tee wird das Kraut in der Volksmedizin gegen Entzündungen im Mund- und Rachenraum verabreicht.

Dost *(Origanum vulgare)*

Juli bis Oktober *20 bis 50 Zentimeter*

Wilder Majoran, Wohlgemut, Schusterkraut, Zahnwehkraut, Badhopfenkraut, Mutterkraut, Ohrkraut

Fundorte

An trockenen, sonnigen Stellen, zum Beispiel Magerrasen, Böschungen, Weg- und Waldränder.

Merkmale und Verwechslungsgefahr

Die rotbraunen aufrechten Stängel sind kantig und mit feinen Härchen besetzt. Die länglich-ovalen Blätter sitzen an kurzen Stielen. Sie haben einen glatten Rand und duften leicht nach Minze. Die Pflanzen bilden kleine Büsche. Die süß duftenden Blütenbüschel entstehen an den Triebenden, die teils auch seitlich aus den Blattachseln herauswachsen. Jede Einzelblüte entspringt einem rotbraunen Kelch.

Was wird gesammelt?

Blüten, ganze Blütenstände und Triebe sowie einzelne Blätter.

Inhaltsstoffe und Geschmack

Reich an ätherischen Ölen. Darin enthalten sind unter anderem Terpinen, Thymol, Carvacrol und Cineol. Weitere Inhaltsstoffe sind Flavonoide sowie Gerb- und Bitterstoffe. Die Blätter schmecken nach Minze und etwas nach Thymian.

Verwendung

Der Dost wird vor allem als Gewürz wie Majoran verwendet. Er macht fette Speisen bekömmlicher und gibt mediterranen Gerichten das typische Aroma.
Die Würze des getrockneten Krauts ist kräftiger als die des frischen. Damit es sein Aroma voll entfaltet, kocht man es eine Zeit lang mit.
Mit den Blüten lassen sich auch Salate sowie Fleisch- und Fischgerichte dekorieren. Sie werden zum Schluss frisch darübergestreut.

Wissenswertes, Anekdoten

Der Dost heißt auch Oregano oder Staudenmajoran. Für den Garten wurden spezielle Sorten gezüchtet, beispielsweise der niedrig bleibende Dost (*Origanum vulgare* 'Compactum') und Dost mit cremefarbenen Blättern, wie *Origanum vulgare* 'Country Cream'. Der als Pizzagewürz bekannte Oregano wird jedoch vom Griechischen Oregano *(Origanum heracleoticum)* gewonnen.
Ursprünglich hatte Dost vor allem eine Bedeutung als Heilpflanze. Das Kraut wird in der Volksmedizin gegen Husten und Störungen im Magen- und Darmtrakt verordnet. Es soll auch gegen Zahn- und Ohrenschmerzen helfen.
Der Echte Majoran *(Origanum majorana)* ist in unseren Breiten nicht winterhart. Er wird daher nur als einjähriges Würzkraut angepflanzt.

Echte Kamille

(Matricaria chamomilla oder *Matricaria recutita)*

Mai bis Juli *15 bis 50 Zentimeter*

Kummerblume, Hermel, Moggelblum, Apfelkraut, Maidblume, Lungenblume, Badekraut, Theeblom

Fundorte

An Getreidefeldern, Wegrändern, auf Schuttplätzen sowie Brachflächen. Die Pflanzen bevorzugen nährstoffreiche Lehmböden.

Merkmale und Verwechslungsgefahr

Die Pflanze, vor allem aber die Blütenköpfe haben den typischen Kamillegeruch. Daran lässt sich die Echte Kamille gut von anderen Kamille-Arten unterscheiden. Die Blütenköpfe sind innen hohl, was sich zeigt, wenn man sie mit den Fingernägeln oder einem Messer zerteilt. Die Blätter sehen durch ihre feinen Fiederblättchen, bestehend aus vielen Röhrenblüten, verästelt aus.

Auch die Strahlenlose Kamille *(Matricaria discoidea)* riecht aromatisch. Ihre Blütenköpfe sind hellgrün und halbkugelig, meist jedoch ohne die weißen Blütenblätter (botanisch korrekt „Zungenblüten"). Diese Art ist ebenfalls für den Verzehr geeignet. Allerdings fehlen ihr die Heilkräfte.

Was wird gesammelt?

Blätter, Blütenknospen und Blüten.

Inhaltsstoffe und Geschmack

Ätherische Öle, vor allem Bisabolol und das entzündungshemmende Chamazulenderivat, sowie Flavonoide, Cumarin, Schleimstoffe undPolysaccharide. Die ganze Pflanze duftet nach Apfel.

Verwendung

Blätter und Blütenknospen können zum Verfeinern von Salaten, Suppen und Süßspeisen verwendet werden. Vor allem die Blüten verleihen Limonade, Wein und Sirup ein feines Aroma.

Wissenswertes, Anekdoten

Der Name Kamille geht auf die altgriechischen Wörter für „auf der Erde" und „Apfel" zurück, was übersetzt so viel wie Erdapfel heißt. Das bezieht sich auf den apfelähnlichen Geruch der Blüten.

Die Echte Kamille ist eines der ältesten Heilmittel, das bereits im antiken Ägypten bekannt war.

Die Volksmedizin setzt die Kamille in verschiedenen Bereichen wegen ihrer entzündungshemmenden Wirkung ein: Äußerlich als Kamille-Lösung (für ein Bad), Kamille-Spülung oder -Tinktur.

Am bekanntesten ist natürlich Kamillentee, der bei Magen- und Darmverstimmungen getrunken wird. Die Echte Kamille wirkt innerlich krampflösend und soll vor allem Magen- und Darmbeschwerden sowie Unterleibsschmerzen lindern. Für einen Tee werden zwei Teelöffel Kamillenblüten mit einem Becher heißem Wasser überbrüht und abgedeckt. Das Ganze sieben Minuten ziehen lassen.

Feld-Thymian *(Thymus pulegioides)*

Juni bis Oktober *5 bis 30 Zentimeter*

Quendel, Kundel, Karwendel, Kuttelkraut, Ameisenkraut, Hühnerkraut, Immenkraut, Badekraut, Marienbettstroh, Unser lieben Frau Bettstroh

Fundorte

Auf Magerrasen, Heide- und Schotterflächen und an Wegrändern.

Merkmale und Verwechslungsgefahr

Die aromatisch duftende Pflanze wächst kriechend am Boden und bildet allmählich Matten. Der Stängel ist vierkantig. Die ovalen Blätter sind mit ihm über einen kurzen Stiel verbunden. Die Blüten stehen in zylindrischen Blütenständen dicht zusammen, die am Ende der Triebe entspringen.
Den ähnlichen Sand-Thymian *(Thymus serpyllum)* erkennt man am besten an den schmaleren, stängellosen Blättern und dem weniger kantigen Stängel. Der aus dem Mittelmeerraum stammende Echte Thymian *(Thymus vulgaris)* hat einen buschigen Wuchs und kleine derbe Blätter. Alle drei Arten sind gleichermaßen zu verwenden.

Was wird gesammelt?

Das Kraut mit Blättern und Blüten. Am besten kappt man das Kraut etwa 10 Zentimeter über dem Boden und rebelt dann Blätter und Blüten von den Zweigen ab. Diese werden am besten in einem lichtundurchlässigen Behälter aufbewahrt.

Inhaltsstoffe und Geschmack

Ätherisches Öl, vor allem mit Thymol und Carvacrol, Harze, Gerb- und Bitterstoffe, Flavonoide, Saponine sowie Kaffee- und Rosmarinsäure. Der Geschmack ist aromatisch und leicht pfefferig-scharf.

Verwendung

Speisen erhalten durch die Pflanzen eine herb-würzige Note. Man verfeinert damit Suppen, Gemüsegerichte und Salate. Die Blüten schmecken etwas milder und sind zudem eine hübsche Dekoration. Sie lassen sich auch zum Aromatisieren von Ölen verwenden.

Für einen Thymian-Sirup die Blüten von **100 Gramm Feld-Thymian** *zupfen und beiseite legen.* **100 Milliliter Wasser** *erhitzen, die Thymianstängel samt Blätter 20 Minuten darin ziehen lassen und dann den Sud durch ein Sieb filtern. Etwas Sud entnehmen, abkühlen lassen und mit* **1 Esslöffel Maisstärke** *anrühren.* **25 Gramm Zucker** *und angerührte Stärke in den Topf geben und solange kochen, bis der Sud eindickt. Vom Herd nehmen, die Blüten unterrühren und in ein Glas abfüllen.*

Wissenswertes, Anekdoten

Das ätherische Öl Thymol wirkt stark antibakteriell und antiviral. In der Volksmedizin ist die Pflanze eines der wichtigsten Mittel gegen Husten. Sie hilft auch gegen Blähungen und Appetitlosigkeit.

Für einen Tee überbrüht man pro Tasse einen Teelöffel Kraut mit heißem Wasser und lässt es 10 Minuten ziehen. Gegen Husten mit Honig süßen. Der Tee wirkt auch belebend und stärkend.

Thymian (das griechische Wort Thymos bedeutet „Lebenskraft") galt auch als „Männerkraut", das Mut und Tapferkeit verleihen sollte. So stiegen die römischen Soldaten, bevor sie in den Krieg zogen, in ein Bad mit Thymian.

Gänsedistel *(Sonchus spec.)*

Juni bis Oktober *30 bis 130 Zentimeter*

Linddistel, Saumelk, Musdistel, Schmersalat

Fundorte

Auf Äckern, Brach- und Ödland sowie in Gärten.

Merkmale und Verwechslungsgefahr

Es gibt drei Arten, die sich nur schwer voneinander unterscheiden lassen. Das ist nicht weiter tragisch, da sich alle gut als Gemüse eignen. Die Kohl-Gänsedistel *(Sonchus oleraceus)* wächst jedes Jahr aus Samen neu. Sie hat keine tief greifenden Wurzeln. Ihre an der Oberseite mattgrünen und an der Unterseite bläulichen Blätter umfassen den Stiel, haben einen rötlich gefärbten Mittelnerv und einen gezähnten Rand, fast ohne Stacheln.

Die Blätter der Acker-Gänsedistel *(Sonchus arvensis)* sind am stärksten gebuchtet und ebenfalls deutlich gezähnt. Sie haften dem Stiel zwar auch an, umfassen ihn aber nicht so stark. Der Stiel ist unten kahl und oben behaart. Diese Art treibt jedes Jahr wieder an einem Wurzelstock aus, der zudem Ausläufer bildet.

Die Blätter der Rauen Gänsedistel *(Sonchus asper)* sind glänzend dunkelgrün, meist nicht gebuchtet und am Rand stachelig gezähnt. Sie ist wie die Kohl-Gänsedistel einjährig und vermehrt sich nur durch Samen.
Alle drei Arten führen einen klebrigen, latexhaltigen Milchsaft und tragen löwenzahnartige Blüten.

Was wird gesammelt?

Junge Blätter und Triebe sowie Blüten.

Inhaltsstoffe und Geschmack

Bitterstoffe, Vitamine und Mineralstoffe. Der Geschmack der Acker-Gänsedistel ist leicht bitter und erinnert etwas an den von Chicorée. Kohl- und Raue Gänsedistel schmecken milder, fast wie Kopfsalat.

Verwendung

Die jungen, zarten Blätter lassen sich als Salat oder gedünstet als Gemüse zubereiten. Dickere Triebe werden abgezogen, in Stücke geschnitten, kurz in Salzwasser gekocht und dann in Butter gewendet. Die jungen Triebe, die aus den Blattachseln sprießen, können roh oder gedünstet verspeist werden. Auch der Blütenboden ist lecker, wenn man ihn roh isst. Dazu muss er von den Blütenblättern – botanisch korrekt sind es die sogenannten Zungenblüten – befreit werden.

Für einen Gänsedistel-Salat **400 Gramm junge Triebe** *und* **Blätter** *waschen, klein schneiden und in eine Schüssel geben. Für das Dressing:* **20 Gramm Sesammus** *mit* **2 Esslöffeln warmem Wasser** *verrühren. Dann* **75 Milliliter Olivenöl** *unter kräftigem Rühren schubweise dazugeben und zu einer steifen Masse schlagen. Abschließend* **150 Gramm Joghurt** *und* **Saft 1 Zitrone** *unterrühren. Mit* **Salz** *abschmecken und über den Salat träufeln.*

Wissenswertes, Anekdoten

Mit dem Milchsaft wurden in früheren Zeiten Warzen beträufelt, in der Hoffnung, sie so zum baldigen Verschwinden zu bringen. Bei starker Sonneneinstrahlung richten sich die Blätter der Acker-Gänsedistel wie ein Kompass aus, um die Verdunstung zu minimieren: Die schmalen Ränder nehmen eine Nord-Süd-Stellung ein, sodass die Blattflächen nach Westen beziehungsweise nach Osten zeigen.

Gänse-Fingerkraut

(Potentilla anserina)

Mai bis August *10 bis 30 Zentimeter*

Gänserich, Silberkraut, Kräutlein Allerbest, Krampfkraut

Fundorte

Auf Brachland, Schotterflächen, Wiesen, Dünen, an Bahndämmen und Wegen. Die Pflanze liebt feuchte, nährstoffreiche Lehmböden. Sie wächst aber auch noch auf steinigem Untergrund. Sie zeigt Standorte an, die mal feucht und mal trocken sein können, und kommt auch auf verdichtetem Boden gut zurecht.

Merkmale und Verwechslungsgefahr

Die Pflanzen wachsen dicht am Boden. Sie verzweigen sich durch bis zu 80 Zentimeter lange, oft rötliche Ausläufer, an deren Knoten sich Wurzeln bilden. So entstehen allmählich teppichartige Bestände. Typisch sind die gefiederten Blätter mit sechs bis zehn Fiederpaaren. Deren Blättchen sind länglich-eiförmig geformt, oberseits grün gefärbt und an der Unterseite silbrig behaart. Die Blüten wachsen an langen Stielen einzeln aus den Blattachseln.

Was wird gesammelt?

Blätter, Blüten, Wurzeln. Für Tee wird das blühende Kraut abgeschnitten und zum Trocknen an einen luftigen Ort im Schatten gehängt.

Inhaltsstoffe und Geschmack

Gerbstoffe, Bitterstoffe, Flavonoide, Cumarine, Phytosterole, Proanthocyanidine, Cholin. Die Blätter schmecken säuerlich-herb, die Wurzeln im Rohzustand nussartig. Gekocht ähnelt ihr Geschmack dem von Möhren.

Verwendung

Die zarten Blätter sind lecker zu Salaten, und auch die Wurzeln können in Salate geraspelt werden. Blätter und Wurzeln passen in Wildkräutersuppen. Mit den Blüten lassen sich dekorativ gelbe Tupfer auf Speisen verteilen. Schließlich kann aus dem getrockneten Kraut Tee zubereitet werden.

Wissenswertes, Anekdoten

Der botanische Name *anserina* kommt vom lateinischen Wort „anser", was übersetzt „Gans" bedeutet. Das hat folgenden Hintergrund: Früher fand man die Pflanzen häufig dort, wo Gänse gegrast und den Boden festgetreten sowie mit ihrem Kot gedüngt hatten.

In der Volksmedizin wird das Kraut hoch geschätzt. Schon der antike Arzt Dioscurides (1. Jh. n. Chr.) empfahl es gegen Durchfall. Bei Magen- und Darmkrämpfen in Verbindung mit Durchfall wird ein Tee aus Gänse-Fingerkraut verabreicht. Am besten mischt man dem Tee zu gleichen Teilen noch Thymiankraut, Fenchelsamen und Kamilleblüten bei und lässt ihn sieben Minuten ziehen.

Gemeine Nachtkerze

(Oenothera biennis)

Juni bis September *50 bis 150 Zentimeter*

Osterkreuz, Täglichneu, Schinkenwurz, Rapunzel-Sellerie, Donnerkerze

Fundorte

An Böschungen, auf Kiesflächen, Trockenrasen, Bahnschotter und Ödland.

Merkmale und Verwechslungsgefahr

Im ersten Jahr bildet die Pflanze eine Rosette mit eiförmig länglichen Blättern, die bis zu 15 Zentimeter lang sein können. Im zweiten Jahr wächst ein kräftiger, kantiger Stängel mit kurz gestielten Blättern, der sich höchstens im oberen Teil verzweigt. Die Blüten entstehen in den Achseln der oberen Blätter. Die Pflanze ist mit einer dicken, rübenförmigen Wurzel im Boden verankert.

Was wird gesammelt?

Blätter, Blütenknospen, Blüten und Wurzeln.

Inhaltsstoffe und Geschmack

Flavonoide, Schleimstoffe, Gerbstoffe – unter anderem Oenotherin, Harz, Phytosterole, und die Samen enthalten viele ungesättigte Fettsäuren wie Gamma-Linolensäure und Ölsäure. Der Geschmack der Blätter ist nussartig. Die Wurzeln schmecken ähnlich wie Pastinaken.

Verwendung

Vor der Blüte können die Blätter in Salate gemischt oder als Gemüse gekocht werden. Auch Blütenknospen werden als Gemüse verarbeitet und gekocht. Mit den Blüten lassen sich Speisen dekorieren.

Die fleischige Wurzel kann roh oder gekocht wie Schwarzwurzeln zubereitet werden, solange der Blütenspross noch nicht ausgebildet ist.

Bei einigen Menschen brennen die Pflanzenteile der Nachtkerze leicht am Gaumen – egal ob sie roh oder gekocht gegessen werden. Daher mischt man am besten diese Pflanze mit anderem Wildgemüse.

Wissenswertes, Anekdoten

Die Blüten der Nachtkerze öffnen sich abends, schließen sich 24 Stunden später wieder und verblühen dann. Die essenziellen mehrfach ungesättigten Fettsäuren dieser Pflanze sind für den Menschen wertvoll und medizinisch interessant. Aus den Samen wird ein Öl hergestellt, das zum Beispiel trockene Haut weich und geschmeidig macht.

Die Pflanze stammt aus Nordamerika, wo die Indianer schon die Samen zu Brei zerstampften, um damit Hautausschläge zu kurieren.

Zu Beginn des 17. Jahrhunderts kam die Gemeine Nachtkerze nach Europa: Zunächst wurde sie als Zierpflanze hoch geschätzt, dann als Gemüse angebaut. Schließlich aber brach sie aus den Gärten aus und verwilderte.

Gewöhnlicher Beifuß

(Artemisia vulgaris)

Juli bis Oktober *30 bis 200 Zentimeter*

Sonnenwendgürtel, Teufelsflucht, Mugwurz, Machtwurz, Besenkraut, Fliegenkraut, Gänsekraut, Jungfernkraut, Wisch (Synonym für Heilpflanze)

Fundort

Das hierzulande häufige Wildkraut wächst an Weg- und Gebüschrändern, auf Schuttflächen, Brachland und in Uferböschungen. Beifuß bevorzugt frische bis feuchte und nährstoffreiche Böden. Im Grunde ist die Pflanze aber anspruchslos und gedeiht auch an trockenen Orten. Man findet sie in ganz Europa vom Mittelmeer bis nach Skandinavien.

Merkmale und Verwechslungsgefahr

Die zu den Korbblütlern zählende Pflanze bildet kräftige, stark verzweigte Stängel, die zu kleinen Büschen heranwachsen können. Die unregelmäßig gefiederten Blätter sind zweifarbig: oberseits grün und glatt und an der Unterseite durch eine feine, filzige Behaarung weißlich grau. Auch die Blütenköpfchen mit den unscheinbaren rötlich-braunen oder gelblichen Röhrenblüten sind behaart. Die Pflanzen besitzen einen eigentümlich würzigen Geruch. Durch die rötlichen, gerillten Stängel lassen sie sich gut vom Wermut *(Artemisia absinthium)* unterscheiden, der viel bitterer schmeckt.

Was wird gesammelt?

Im Frühjahr die jungen Triebe und bis August die Triebspitzen mit dem noch geschlossenen Blütenstand. Man erntet die Spitzen, solange sie noch zart und leicht mit den Fingern abzuknipsen sind. Später, wenn die Pflanzen blühen, werden sie holzig und bitter. Die Triebspitzen können auch gebündelt zum Trocknen aufgehängt werden.

Inhaltsstoffe und Geschmack

Ätherisches Öl mit Linalool, Kampfer und Thujon, das in hohen Dosen giftig ist, und Bitterstoffe. Die zarten Triebe schmecken leicht nach Artischocke, die geschlossenen Blütenstände nach Salbei. Sie sind entgegen landläufiger Meinung kaum bitter. Das getrocknete Kraut enthält dagegen mehr Bitterstoffe.

Verwendung

Die zarten Triebspitzen können in Salate gemischt werden. Als Gewürz gehört Beifuß an fettige Fleischspeisen, etwa an Gänse- und Schweinebraten. Das Kraut fördert die Verdauung und wirkt appetitanregend.

In Frankreich werden junge Beifußtriebe in Crêpes gebacken. Verrühren Sie **4 Eier, 125 Gramm Mehl, einen Achtelliter Milch, einen Achtelliter Wasser** *und* **1 Esslöffel Öl**, *würzen Sie den Teig mit* **1 Prise Salz** *und lassen ihn eine Stunde quellen. Anschließend den zerkleinerten* **Beifuß** *hinzugeben und die Crêpes dann in einer gefetteten Pfanne auf beiden Seiten goldgelb backen. Servieren Sie die Crêpes mit Frischkäse bestrichen.*

Wissenswertes, Anekdoten

Die vielen botanischen Namen zeigen, dass Beifuß seit Urzeiten zu den Heil- und Zauberkräutern gehört. Zum Fest der Sommersonnenwende trug man Beifußbüschel am Gürtel, die schließlich in der Hoffnung verbrannt wurden, drohendes Unheil fernzuhalten. (Mehr zu Beifuß siehe auch Seite 235)

Große Brennnessel *(Urtica dioica)*

Juli bis Oktober *30 bis 150 Zentimeter*

Hanfnessel, Donnernessel, Feuerkraut, Saunessel

Fundorte

Brennnesseln siedeln gerne auf nährstoffreichen Böden. Sie finden sich daher häufig in der Nähe von Häusern, Ställen und in Gärten. In der Natur kommen sie auf Ödland, Waldlichtungen, an Gebüschrändern und entlang von Wegen vor.

Merkmale und Verwechslungsgefahr

Die ganze Pflanze, vom kantigen Stängel bis zu den grob gesägten, spitz-eiförmigen Blättern, ist mit feinen Brennhaaren besetzt. Der Wurzelstock verzweigt sich im Boden, sodass die Pflanzen größere Bestände bilden. Die Kleine Brennnessel *(Urtica urens)* ist eine Miniaturausgabe der großen Schwester. Sie wird nur etwa 50 Zentimeter hoch und kann ebenso in der Küche verwendet werden.

Was wird gesammelt?

Junge Blätter und Triebspitzen mit Blättern. Ältere Blätter können beim Kochen einen fischartigen Geruch entfalten.

Ständigen Nachschub frischer Triebe erhält, wer die Pflanzen regelmäßig abmäht. Einige Exemplare sollten jedoch stehen bleiben, denn auch die Blütenstände und Samen können genutzt werden.

Inhaltsstoffe und Geschmack

Die Blätter enthalten bis zu 20 Prozent Mineralstoffe, darunter Kieselsäure, Eisen, Mangan, Kalium, Kalzium und viel Magnesium. Sie sind reich an Eiweiß und Vitaminen und verfügen über organische Säuren, Flavonoide, Acetylcholin und ungesättigte Fettsäuren. In den Samen befinden sich essenzielle Fettsäuren, viel Vitamin E und östrogenähnliche Verbindungen. Sie haben einen nussartigen Geschmack.

Verwendung

Die Blätter lassen sich wie Spinat zubereiten. Püriert eignen sie sich auch für ein Pesto und zum Färben sowie Würzen von Nudelteig oder Kartoffelpüree. Klein geschnitten können Blätter und Blüten in Salate gemischt werden. Die Samen werden wie Sesam geröstet. Getrocknet lassen sich die mineralienreichen Blätter als Tee und zum Würzen verwenden.

Für eine Brennnessel-Suppe mit Tomatenmus **150 Gramm junge Brennnesselblätter** *in Salzwasser blanchieren. Anschließend kalt abschrecken, gut ausdrücken und grob hacken.* **600 Milliliter Gemüsebrühe** *aufkochen, Brennnesseln und* **50 Milliliter Sahne** *hinzufügen und alles zusammen pürieren. Mit* **Muskatnuss, Salz** *und* **Pfeffer** *abschmecken.* **4 Fleischtomaten** *waschen, kurz in kochendes Wasser legen, dann häuten und grob schneiden.* **1 Schalotte** *würfeln,* **eine halbe Knoblauchzehe** *zerdrücken und beides mit* **1 Prise Zucker** *in* **Olivenöl** *glasig schwitzen. Anschließend die Tomatenstücke hinzufügen und bei niedriger Temperatur köcheln lassen, bis fast alle Flüssigkeit verdampft ist. Mit* **Chili,** *Salz und Pfeffer abschmecken. Suppe mit einem Klecks Tomatenmus anrichten.*

Wissenswertes, Anekdoten

Zum Pflücken der Blätter sind Handschuhe zu empfehlen. Die Brennhaare verlieren meist ihre Wirkung, wenn man sie „zerstört“ – etwa wenn die Blätter intensiv gewaschen (Einmalhandschuhe benutzen!) und aneinander gerieben werden. Wer ganz sichergehen will, plättet die Blätter noch mit einem Nudelholz. Auch Blanchieren zerstört die Brennhaare.

Große Fetthenne *(Sedum telephium)*

Juli bis Oktober *20 bis 80 Zentimeter*

Knolliges Steinkraut, Wundkraut

Fundorte

Die Pflanzen kommen im Gebirge bis zu einer Höhe von 1 000 Metern vor. Sie wachsen dort in Felsspalten und auf geröllhaltigen Böden. Man findet sie auch an Wegrändern und auf Waldlichtungen. Zudem ist die Große Fetthenne auch eine beliebte Gartenstaude. Sie bevorzugt dort einen trockenen, nicht zu nährstoffreichen Boden in voller Sonne.

Merkmale und Verwechslungsgefahr

Die Pflanzen wachsen aufrecht und sind gut an ihren fleischigen, eiförmigen, leicht gezähnten Blättern zu erkennen. Der deutsche Name bezieht sich auf diese dicklichen Blätter, die im Frühjahr zunächst am Boden eine dichte Rosette bilden und später auch den Stängel bekleiden. Die Blüten stehen eng in einer halbkugelförmigen Dolde zusammen. Sie können blassgelb oder auch purpurrot gefärbt sein.

Was wird gesammelt?
Blätter, Triebspitzen, Stängel und über Winter auch die Wurzeln mit ihren bohnengroßen Knöllchen.

Inhaltsstoffe und Geschmack
Gerbstoffe, Flavonoide, geringe Mengen an Piperidin-Alkaloiden, organische Säuren und Vitamin C. Der Geschmack der Blätter ist leicht säuerlich und dem der Kiwi ähnlich.

Verwendung
Die zarten, saftigen Blätter sind eine schmackhafte Beigabe zu Salaten.
Blätter, Triebspitzen und Stängel lassen sich auch zusammen mit anderen Gemüsearten oder solo wie Spinat zubereiten. Von größeren Blättern und Stängeln sollte man die pergamentartige Haut abziehen. Die Wurzelknöllchen werden gekocht oder gebacken.

Die kleinen Blätter können in einem Tempurateig ausgebacken werden. Dazu verrühren Sie **1 Eigelb, 100 Milliliter Wasser, 60 Gramm Mehl, einen halben Teelöffel Backpulver** *und* **1 Teelöffel Maisstärke** *zu einem flüssigen Teig. Tunken Sie dann die Blätter darin ein und frittieren Sie sie anschließend kurz in heißem Öl. Zum Abtropfen legen Sie die Blätter auf Küchenkrepp.*

Wissenswertes, Anekdoten
Unter den für den Garten angebotenen Großen Fetthennen ist die Sorte 'Herbstfreude' eine der schönsten. Ihre großen, intensiv rostrot gefärbten Blütenstände blühen bis in den Oktober hinein.
Wie der Name Wundkraut vermuten lässt, besitzt die Pflanze in der Volksmedizin auch heilende Eigenschaften. Der geleeartige Saft soll Wunden und Hautausschläge heilen sowie Verbrennungen lindern.

Große Klette *(Arctium lappa)*

Juli bis September *50 bis 150 Zentimeter*

Hopfenkletten, Soldatenknöpfe, Schneckenblätter, Grindwurz, Haarwachswürze

Fundorte

Auf Ödland, Schuttflächen, an Wegrändern, Zäunen und Ufern. Die Pflanzen lieben nährstoffreiche, frische Böden.

Merkmale und Verwechslungsgefahr

Die Pflanze entwickelt sich zweijährig. Im ersten Jahr keimen die Samen und es wachsen die dicke Wurzel und die großen, herzförmigen Blätter. Sie sind oben grün und an der Unterseite graufilzig behaart. Im zweiten Jahr schiebt sich dann der mit Mark gefüllte Stängel aus dem Boden. Er ist gefurcht, oft rot überlaufen und trägt Blätter mit langen Blattstielen sowie die Blüten. Die reifen Früchte bleiben als Kletten an Tierfellen sowie an Kleidung haften.

Was wird gesammelt?

Junge Stängel, Blattstiele und die Wurzel. Die Wurzel wird am besten am Ende des ersten bzw. zu Beginn des zweiten

Jahres ausgegraben, solange sich die Blütenstände noch nicht entwickelt haben. Die Blätter sind zu bitter, als dass man sie verwerten könnte.

Inhaltsstoffe und Geschmack

Inulin (vor allem in der Wurzel), Schleimstoffe, ätherisches Öl, Bitterstoffe, Glykoside, Flavonoide, Fettsäuren, Gerbsäure und fettes Öl (in den Früchten). Der geschälte Stängel schmeckt wie Artischocken, die Wurzel wie Schwarzwurzel.

Verwendung

Die jungen Stängel werden geschält und roh gegessen oder wie Spargel zubereitet. Ebenso verfährt man mit den jungen Blattstielen, die allerdings meist nicht geschält werden müssen. Die Wurzeln können geraspelt und als Rohkost verzehrt oder gekocht werden. Legt man die Wurzel vor der Verarbeitung in Essigwasser ein, behält sie ihre weiße Farbe.

Zu geschälten **Stängeln der großen Klette,** *die am besten nur über Dampf gegart werden, schmeckt eine Sauce aus* **150 Gramm Joghurt, 50 Millilitern Olivenöl,** *dem* **Saft einer halben Zitrone,** *etwas* **Salz** *und* **Pfeffer.** *Dazu können Sie* **1 zerdrückte Knoblauchzehe** *unterrühren.*

Wissenswertes, Anekdoten

Die kleinen Widerhaken, mit denen sich die Früchte der Klette an Fell und Kleidung festkrallen, dienten als Vorbild für die Erfindung von Klettverschlüssen. In der Kosmetik ist das Klettenwurzelöl Bestandteil von Haarpflegeprodukten.

Guter Heinrich

(Chenopodium bonus-henricus)

Mai bis September *10 bis 60 Zentimeter*

Sanfter Heinrich, Mehlkraut, Wilder Spinat, Allgut

Fundorte

An Wegrändern, Zäunen, Mauern und auf Äckern in der Nähe von bäuerlichen Siedlungen. Die Pflanze bevorzugt nährstoffreiche Böden in voller Sonne.

Merkmale und Verwechslungsgefahr

Der Stängel wächst aufrecht und ist kaum verzweigt. Er trägt dreieckige Blätter, die mit ihren zwei Zipfeln aussehen wie Pfeilspitzen. Typisch ist die Unterseite der 2 bis 12 Zentimeter großen Blätter: Sie ist von derben Adern durchzogen und erscheint mehlbestäubt. Die ährenförmigen Blütenstände sind anfangs unscheinbar grün und verfärben sich mit zunehmender Reife der Samen rötlich braun.
Verwechslungsmöglichkeiten bestehen mit anderen Gänsefußarten, wie dem Weißen Gänsefuß *(Chenopodium album),* der ebenfalls dreieckige Blätter hat, die aber deutlich kleiner sind, oder der Spießmelde *(Atriplex hastata),* deren Blattzipfel rechtwinklig abstehen. Es besteht jedoch keine Gefahr, da

diese Arten ebenfalls essbar sind und auch ein gutes Gemüse ergeben. Gänsefußarten, die nicht genießbar sind, erkennt man am unangenehmen Geruch.

Was wird gesammelt?

Blätter, Triebe, Blütenstände und Samen.

Inhaltsstoffe und Geschmack

Saponine, Oxalsäure, Mineralstoffe und Vitamin C. Menschen mit Leber- oder Nierenleiden sollten die Pflanze, die Saponine und Oxalsäure enthält, besser meiden (siehe dazu auch Seite 235). Oxalsäure ist ungünstig, da sie die Nierensteinbildung fördert.

Verwendung

Aus den jungen Blättern kann man einen leckeren Salat anrichten. Klassisch ist die Zubereitung wie Spinat. Die Blätter werden aber auch als Füllung für Pfannkuchen, zum Färben von Gnocchi und zum Verfeinern von Sahnesoßen verwendet. Die Blütenstände und jungen Triebe kann man wie Spargel zubereiten. Sie werden geerntet, solange sie noch leicht mit den Fingern abzuknipsen sind. Aus den Samen lässt sich Grütze zubereiten. Dazu werden sie zuvor mit den Fingern aus den Samenständen gerieben. Man kocht sie danach in viel Wasser auf. Gießt man das Wasser ab, wird man die leicht bitter schmeckenden Saponine los.

Für eine Hirtensuppe mit Wildkräutern für 4 Personen **300 Gramm Kartoffeln** *schälen, würfeln und zusammen mit* **500 Gramm gewaschenen Wildkräutern** *(300 Gramm Blätter des Guten Heinrichs, 100 Gramm Ampferblätter, 100 Gramm Triebspitzen von Brennnesseln) in einen großen Topf geben.* **1 Liter Wasser** *und* **250 Milliliter Milch** *hinzufügen und etwa 20 Minuten lang kochen. Mit* **Salz** *und* **Pfeffer** *abschmecken.* **200 Gramm Creme fraîche** *und* **100 Gramm geriebener Käse** *(z. B. Greyerzer) unterheben und dann servieren.*

Wissenswertes, Anekdoten

In Erzählungen trugen Elfen und Kobolde früher oft Namen wie Heinz und Heinrich. Darauf bezieht sich der Name der Pflanze. Ihr wurden nämlich geradezu mystische Heilkräfte zugeschrieben. In Verbindung mit dem richtigen Zauberspruch sollte sie auch gegen Verhexungen helfen.

Hirtentäschel *(Capsella bursa-pastoris)*

Februar bis November — *5 bis 50 Zentimeter*

Deschelkraut, Kummerblume, Blutkraut, Frieselkraut

Fundorte

Auf Äckern, offenem Brachland, an Wegrändern und im Garten. Die Pflanze ist anspruchslos und wächst auf mageren, nährstoffarmen Böden.

Merkmale und Verwechslungsgefahr

Die Pflanze besitzt eine grundständige Blattrosette und eine kräftige Wurzel. Die Blätter ähneln denen des Löwenzahns, sind allerdings stärker eingebuchtet. Die typischen Kreuzblüten (siehe dazu auch Seite 146) gruppieren sich als lose Rispe im oberen Teil des Blütenstands. Später reifen dann die charakteristischen herzförmigen Früchte, die wie kleine Taschen aussehen. Fast das ganze Jahr über sind blühende Pflanzen zu finden.

Was wird gesammelt?

Blätter, Triebe, Blüten, Samenstände und Wurzeln, bevor sich die Blütenstände entwickelt haben. Die Blattrosetten können fast das ganze Jahr über gesammelt werden. Sie sind im Frühjahr eines der ersten Wildgemüse. Man schneidet sie oberhalb der Wurzel ab.

Inhaltsstoffe und Geschmack

Flavonoide, Saponine, Gerbstoffe, Cholin, Acetylcholin, Senfölglykoside, Vitamin C, Mineralstoffe wie Kalium, Kalzium und Natrium. Der Geschmack erinnert an Kresse und Rucola. Je nach Jahreszeit kann die Schärfe oder das Bittere in der Pflanze überwiegen.

Verwendung

Die Blätter und Stängelspitzen mischt man unter Salate. Sie lassen sich auch als eine Zutat für Wildgemüse und Wildkräutersuppen einsetzen. Die Wurzeln können wie Rettich gegessen werden. Die scharf wie Senf schmeckenden Samen eignen sich zum Würzen.

Ein interessanter Tipp für einen bunten Salat aus **Hirtentäschelblättern,** *den Blattrosetten von* **Klatschmohn** *und* **Feldsalat:** *Alle drei Arten richten Sie zu gleichen Mengen an und vermengen dann alles mit einer Vinaigrette sowie gekochten, klein gehackten* **Eiern.**

Wissenswertes, Anekdoten

Das lateinische Wort „capsella“ bedeutet Kapsel. Bursa pastoris bedeutet übersetzt Tasche des Hirten.
Die Volksmedizin nutzt das Kraut vom Hirtentäschel als blutstillendes Mittel bei Hautverletzungen und Zahnfleischbluten. Am besten stellt man eine Tinktur her: Dazu blühendes Kraut klein schneiden, in ein Schraubglas füllen, mit Korn (38 % vol) auffüllen, zwei Wochen stehen lassen und immer mal wieder schütteln. Schließlich wird die Tinktur durch einen feinen Filter in eine Flasche abgefüllt.

Huflattich *(Tussilago farfara)*

April bis Juni *5 bis 20 Zentimeter*

Märzenblümchen, Pfannenkraut, Brustblümli, Sohn vor dem Vater

Fundorte

An Wegen, Uferböschungen, auf Äckern, Brachland und in Kiesgruben. Die Pflanze gedeiht am besten in der vollen Sonne.

Merkmale und Verwechslungsgefahr

Die Blüten erscheinen früh im Jahr auf langen, mit rötlichen Blattschuppen besetzten Stängeln. Erst nach der Blütezeit zeigen sich schließlich die rundlich-herzförmigen Blätter. Diese sind schwärzlich gezähnt und an der Unterseite graufilzig. Sie können mehr als 20 Zentimeter groß werden. Ihre Blattstiele weisen oben eine Rinne auf, im Gegensatz zu den in der Regel deutlich größeren Blättern des Gemeinen Pestwurzes *(Petasites hybridus)*.

Was wird gesammelt?

Blüten, Blätter sowie im Herbst und Winter auch die Wurzeln.

Inhaltsstoffe und Geschmack

Saure Schleimstoffe, Inulin, Harz, Gerbstoffe, Vitamin C und wechselnde Mengen (von nicht nachweisbar bis zu 0,015 %) Pyrrolizidinalkaloide.

Der Gesetzgeber rät, pyrrolizidinalkaloidehaltige Pflanzen nicht in großen Mengen zu sich zu nehmen.

Verwendung

Die in Butter gedünsteten Blütenstängel schmecken wie Grüner Spargel. Aus den Blütenköpfen lässt sich Tee zubereiten oder sie dienen als Dekorationen auf Speisen. Die würzigen Blätter können wie Kohlblätter zu Rouladen sowie zu Salat, Suppe und Gemüse verarbeitet werden. Auch die Wurzeln eignen sich als Gemüse.

Will man Blüten einlegen, benötigt man: **50 Gramm Blüten,** *die man zusammen mit* **4 Esslöffeln Olivenöl, 3 Esslöffeln Weißwein, 3 Esslöffeln Weißweinessig, 1 Knoblauchzehe, 1 Teelöffel Honig, 1 Teelöffel Meersalz** *und etwas* **Pfeffer** *zugedeckt in einem Topf 5 Minuten köcheln lässt. Danach in Gläser abfüllen.*

Wissenswertes und Anekdoten

In der Naturheilkunde werden getrocknete Huflattichblätter als Tee gegen Reizhusten verwendet. Man hat nachgewiesen, dass die Inhaltsstoffe der Blätter reizlindernd und entzündungshemmend wirken. Inzwischen ist eine Huflattich-Sorte gezüchtet worden, die frei ist von den bedenklichen Pyrrolizidinalkaloiden. Aus ihr wird unter anderem auch ein Frischpflanzensaft hergestellt. Die Wolle an den Blättern und Wurzelstöcken wurde früher zu Zunder verarbeitet. Dazu wurde er gesammelt, gereinigt, getrocknet und dann zum Feueranzünden verwendet.

Klatsch-Mohn *(Papaver rhoeas)*

Mai bis Juli *20 bis 90 Zentimeter*

Mohnblume, Blutblume, Donnerrosen, Tintenblume, Flätterrose, Kornrosen

Fundorte

Auf Äckern, Brachland, an Wegen, Böschungen und in Getreidefeldern.

Merkmale und Verwechslungsgefahr

Die Pflanze stirbt nach der Blüte ab und vermehrt sich ausschließlich durch Samen. Sie ist also „einjährig". Sie bildet zuerst eine Rosette mit gefiederten Blättern, die in ihrer Form an die des Löwenzahns erinnern. Die Blätter sind allerdings weich und mit feinen Haaren besetzt wie auch der aufrechte Stängel. An ihm befinden sich nur wenige weitere Blätter. Die Blütenknospen werden von zwei grünen Kelchblättern umschlossen. Die vier scharlachroten Blütenblätter, die daraus hervorbrechen, verwelken meist schon innerhalb eines Tages. Zurück bleibt der Fruchtknoten, der sich zu einer ovalen Fruchtkapsel entwickelt, in der die kleinen dunklen Samen heranreifen.

Ähnlich sind der Saat-Mohn *(Papaver dubium)* und der Sand-Mohn *(Papaver argemone)*, die sich vor allem durch die stärker gefiederten Blätter unterscheiden. Beide Arten sind wie der Klatsch-Mohn essbar und ebenso zu verwenden.

Was wird gesammelt?

Blätter, Blüten, Fruchtknoten und Samen. Am besten wird die ganze Blattrosette kurz oberhalb der Wurzel mit einem Messer abgeschnitten, bevor die Pflanzen einen Blütenstängel ausbilden.

Inhaltsstoffe und Geschmack

Anthocyane, Alkaloide, Mineralstoffe und Schleimstoffe. Die Blätter schmecken süßlich, die Blüten etwas bitter und die Samen sowie die unreifen Fruchtkapseln leicht nach Haselnüssen.

Verwendung

Die zarten Blätter und Fruchtknoten sind eine leckere Salatzugabe. Man kann sie dünsten und nur mit etwas Olivenöl beträufelt servieren oder mit anderen Wildkräutern als Gemüse kochen.
Die Blütenblätter werden als Farbtupfer auf Salaten verteilt. Sie können als Tee zubereitet werden, dem sie eine rote Farbe verleihen. Sie eignen sich auch zum Färben anderer Speisen.
Die unreifen Samen werden geröstet und können das Aroma von Desserts und Pesto verfeinern.

Wissenswertes, Anekdoten

Wenn man die Blütenblätter auf die Hand legt und mit der anderen Hand darauf schlägt, gibt es einen kleinen Knall. Daher rührt der Name Klatsch-Mohn. In früheren Zeiten haben Kinder das gerne gemacht.

Kleinblütiges Knopfkraut

(Galinsoga parviflora)

Mai bis Oktober *20 bis 70 Zentimeter*

Franzosenkraut, Guartnpäst, Gängelkraut, Wucherblume, Saugras, Rahmgras

Fundorte

Auf Ackerland, Brach- und Schuttflächen sowie in Gärten.

Merkmale und Verwechslungsgefahr

Die einjährige Pflanze bringt eine Vielzahl von Samen hervor, die jahrelang keimfähig bleiben. Aus ihnen entwickeln sich aufrechte Pflanzen mit runden, sich verzweigenden Stängeln, die nur leicht behaart sind. Die eiförmigen Blätter sind fein gezähnt. Die Blütenköpfe stehen am Ende lockerer Trugdolden. Ähnlich sieht das Behaarte Franzosenkraut *(Galinsoga ciliata)* aus, dessen Stängel jedoch zottig behaart sind. Es ist ebenfalls ein leckeres Wildgemüse.

Was wird gesammelt?

Blätter, Triebspitzen, Blütenknospen und Blüten.

Inhaltsstoffe und Geschmack

Mineralstoffe wie Kalium, Kalzium, Eisen, Magnesium, Mangan sowie die Vitamine A und C. Der mild aromatische Geschmack erinnert an Mais und Erbsen.

Verwendung

Alle Pflanzenteile mit Ausnahme der Stängel sind lecker als Salat. Das Kraut lässt sich wie Spinat und als Wildkräutersuppe zubereiten. Getrocknet kann es auch zum Würzen von Suppen dienen.

Olaf Schnelle (siehe Seite 13) von der Wildkräutergärtnerei „Essbare Landschaften" empfiehlt, wie bei Basilikum nur die zwei obersten Blattpaare mit dem Daumennagel abzukneifen. Aus den Blattachseln wachsen dann neue Triebe nach, die wiederum abgekniffen werden können. Auf diese Weise lässt sich die Blüte verhindern oder zumindest hinauszögern. Weil das Kraut häufig auch zwischen Kartoffeln wächst, nutzt Jean-Marie Dumaine (siehe Seite 12) es zum Verfeinern von Kartoffelgerichten.

Wissenswertes, Anekdoten

Der Name Franzosenkraut geht zurück auf die Zeit von Napoleons Feldzügen. Denn etwa zeitgleich machte sich die Pflanze auf Gemüsebeeten und Äckern als lästiges Unkraut breit. Davon zeugen auch andere volkstümliche Namen.

Das aus Peru stammende Knopfkraut wurde anfangs nur in botanischen Gärten gehalten. Von dort verwilderte es und breitete sich zu Beginn des 19. Jahrhundert rasch in ganz Deutschland aus.

Kornblume *(Centaurea cyanus)*

Juni bis Oktober *20 bis 80 Zentimeter*

Tremse, Roggenpüppi, Sichelblume, Tabaksblume

Fundorte

Getreidefelder, Wegränder, Brachland. Die Blume wächst überwiegend in der Sonne, verträgt jedoch auch leichten Schatten.

Merkmale und Verwechslungsgefahr

Die Pflanze ist fein weißfilzig behaart. Der kantige Stängel verzweigt sich mehrfach, mit jeweils einem Blütenköpfchen am Ende. Die Blätter sind graugrün, schmal und länglich geformt.

Was wird gesammelt?

Blüten, möglichst ohne Hüllkelche, da diese bitter sind.

Inhaltsstoffe und Geschmack

Polyacetylene und Bitterstoffe. Der Geschmack ist relativ neutral.

Verwendung

Ausgezupfte blaue Blütenblätter eignen sich zum Verzieren von Salaten, belegten Broten und Desserts. Getrocknet können diese auch Tee- und Kräutermischungen hübsche Farbtupfer verleihen.

Für einen Kornblumen-Apfel-Porridge für 2 Personen schälen Sie **1 Apfel** *und raspeln ihn auf der groben Seite der Küchenreibe.* **250 Milliliter Milch** *zum Sieden bringen und* **14 Esslöffel zarte Haferflocken** *sowie den geriebenen Apfel hinzugeben. Das Ganze unter Rühren köcheln lassen, bis die gewünschte Konsistenz erreicht ist. Schließlich* **4 Teelöffel Honig** *und* **8 Teelöffel frische oder getrocknete Kornblumenblüten** *unterrühren. Tipp: Der Porridge lässt sich zusätzlich noch mit anderen Blüten verzieren, zum Beispiel mit denen von Gänseblümchen, Wilder Malve, Wiesenklee und Glockenblumen.*

Wissenswertes und Anekdoten

Die Pflanze stammt ursprünglich aus dem östlichen Mittelmeerraum. Durch den Getreideanbau hat sie sich auch bei uns verbreitet. Ihre Randblüten wurden früher Tabak zugesetzt. Die leuchtend blauen Blüten behalten auch getrocknet ihre schöne Farbe. Dazu wird ein kleiner Strauß Kornblumen mit einer Schnur zusammengebunden und kopfüber an einem schattigen, warmen, gut belüfteten Ort aufgehängt. Die beste Erntezeit für Kornblumenblüten ist zwischen Juni und August.

Natternkopf *(Echium vulgare)*

Juni bis September *30 bis 80 Zentimeter*

Drachenwurz, Stachelblume, Pfauenbuschen, Weibertrusch

Fundorte

Trockene, sonnige Standorte an Wegen, auf Brachland und in Steinbrüchen. Die Pflanze gedeiht ausschließlich in der Sonne.

Merkmale und Verwechslungsgefahr

Stängel und Blätter sind rau behaart. Die Pflanzen bildet eine Blattrosette mit langen schmalen Grundblättern. Die Blütenbüschel entstehen aus den Achseln der schmalen Stängelblätter. Sie blühen anfangs rosa und später leuchtend blau. Der Griffel ist an der Spitze gespalten und ragt weit aus den Blüten heraus.

Was wird gesammelt?

Blätter, Triebspitzen, Blüten.

Inhaltsstoffe und Geschmack

Flavonoide, blaue Anthocyane, Schleimstoffe, Pyrrolizidinalkaloide (Heliosupin) und andere Alkaloide (Consolidin) in geringen Mengen. Der Geschmack erinnert dezent an Gurken und Borretsch, mit dem die Pflanze nahe verwandt ist.

Die Pflanze enthält geringe Mengen an Pyrrolizidinalkaloide, die als leberschädigend gelten. Daher sollte sie nur gelegentlich verwendet werden.

Verwendung

Die jungen Blätter und Triebspitzen können Salaten beigemengt werden. Später bis zur beginnenden Blüte werden sie zu Spinat, Suppen und Saucen verarbeitet. Die Blüten werden ausgezupft und zum Dekorieren von Speisen verwendet. Getrocknet verleihen sie Teemischungen farbige Tupfer.

Für eine Kalte Gurken-Tomaten-Suppe **40 Gramm Natternkopf** *mit* **100 Gramm Gurke** *(ungeschält) und* **300 Gramm Naturjoghurt** *fein pürieren. Anschließend mit* **Salz, Pfeffer** *und etwas* **Curry** *abschmecken. Die Suppe wird mit Tomatenstücken abgerundet und kann mit Blüten des Natternkopfes und etwas flüssigem* **Honig** *verziert werden.*

Wissenswertes und Anekdoten

Plinius d. Ä. nennt um 77 n. Chr. in seiner Naturgeschichte *(Naturalis historia)* das Kraut des Natternkopfes als Mittel gegen Schlangenbisse. Möglicherweise bezieht er sich dabei auf Berichte des griechischen Arztes Nikandros von Kolophon, der als Verfasser eines der ältesten bekannten giftkundlichen Werke gilt. Darin erzählt er die Geschichte von *Alcibius,* der den Biss einer Natter mit dem Kraut geheilt haben soll. Gemeinhin wird der Name Natternkopf jedoch auf die Form der Blüte zurückgeführt, weil die gespaltene Narbe an eine gespaltene Schlangenzunge erinnert. In der Naturheilkunde gilt der Tee als harntreibend, schweißtreibend und hustenstillend. Die Wurzeln können ähnlich wie die des Beinwells als Salbe oder Breiumschlag reizlindernd bei Brüchen und Verrenkungen verwendet werden.

Rainfarn *(Tanacetum vulgare)*

Juli bis September *40 bis 150 Zentimeter*

Knöpfchenkraut, Goldstengel, Stinkkraut, Moschuskraut, Wurmkraut, Flohkraut, Himmelbettstroh

Fundorte

An Wegen, Bahndämmen, Waldrändern, Uferböschungen, auf Ödland und Schuttflächen.

Merkmale und Verwechslungsgefahr

Die ganze Pflanze verströmt einen intensiven Duft. Sie wächst aufrecht und verzweigt sich zur Spitze hin. Die Blätter sind einfach gefiedert. Jedes Fiederblättchen ist tief gesägt. Die Blätter umfassen den Stängel. Typisch sind die Blütenköpfe, die wie kleine Knöpfe aussehen und in einer doldenartigen Rispe dicht zusammenstehen. Ihnen fehlt ein Kranz aus Zungenblüten.

Was wird gesammelt?

Blätter und Blüten.

Inhaltsstoffe und Geschmack

Bitterstoffe, ätherisches Öl mit viel Thujon. Die Pflanze schmeckt aromatisch und bitter. Der Geruch erinnert an Kampfer.

Rainfarn darf nur in Maßen genossen werden, da eine hohe Dosierung das Nervensystem angreifen kann.

Verwendung

Rainfarn wird vor allem zum Aromatisieren und Würzen genutzt.
In der Normandie wird aus den Pflanzen Kräuterlikör hergestellt.

Hier ein Rezept von Fançois Couplan und Jean-Marie Dumaine: Lassen Sie **100 Gramm Blätter** *sowie* **Blütenköpfchen** *und* **400 Gramm Zucker** *fünf Tage lang in* **1 Liter Obstbranntwein** *ziehen. Gießen Sie dann die Flüssigkeit durch ein feines Sieb. So entfernen Sie die Bestandteile des Krauts. Für einen leckeren Cocktail mixen Sie* **20 Milliliter Rainfarnlikör, 80 Milliliter Tonic Water** *und* **1 Kugel Zitroneneis.**

Wissenswertes, Anekdoten

Der Rainfarn ist ein Hauptbestandteil des sogenannten Kräuterwisches, der an Maria Himmelfahrt, also am 15. August, in vielen Kirchen geweiht wird. Diese Marienpflanze galt in der Volksheilkunde auch als nützliches Kraut gegen Frauenleiden.
Unter den Biogärtnern hat der Rainfarn jüngst ein neues Aufgabenfeld bekommen – und zwar gegen Ungeziefer. Das folgende „Rezept" wirkt allerdings am besten vorbeugend und bei Befall teils nur durch sehr häufige Anwendung: Es werden 500 Gramm frisches Kraut samt Blüten mit 3 Liter kochendem Wasser überbrüht. Alles 15 Minuten ziehen lassen. Diese Brühe wird dreifach mit Wasser verdünnt und gegen Erdbeerblütenstecher, Erdbeermilben, Brombeermilben, Himbeerkäfer, Blattwespen, Rost und Mehltau gespritzt.

Taubenkropf-Leimkraut

(Silene vulgaris)

Mai bis August *20 bis 60 Zentimeter*

Blasenkraut, Knaller, Gliedweich, Pludernelke, Knirrkohl, Hasenkohl, Wiesenspinat

Fundorte

Auf Trockenrasen, Schuttflächen, an Gebüschsäumen, Böschungen, Wegrändern und in lichten Wäldern. Die Pflanze bevorzugt nährstoffarme Standorte. Sie verträgt zeitweise auch Feuchtigkeit.

Merkmale und Verwechslungsgefahr

Der Stängel wächst aufrecht und verzweigt sich. Die eiförmig-lanzettlichen, blaugrünen Blätter stehen sich gegenüber. Typisch ist der aufgeblasene Kelch, der von vielen Adern durchzogen wird. Es gibt einen Knall, wenn man ihn platzen lässt. Die Blüten stehen in einer lockeren Dolde zusammen. Die Pflanze treibt jedes Jahr wieder aus einem überdauernden Wurzelstock aus.

Was wird gesammelt?

Junge Triebe, Blätter und Sprosse.

Inhaltsstoffe und Geschmack

Saponine, Schleimstoffe, Zucker und Vitamin C. Junge Pflanzenteile schmecken süßlich nach Zuckererbsen. Im Laufe des Jahres wird der Geschmack würziger und herber.

Verwendung

Vor allem die jungen Sprosse, Blätter und Triebspitzen schmecken gut in Salaten und Kräuterquark.
Für Jean-Marie Dumaine (siehe Seite 12) ist das Leimkraut neben Eichblattsalat und Löwenzahn (jeweils eine Handvoll) Hauptbestandteil seines Wildkräutersalates. Hinzu kommt noch eine Handvoll gemischter Wildkräuter – beispielsweise Vogelmiere, Schafgarbe, Taubnessel, Hornveilchen, Wiesen-Salbei und Sauerampfer.

Wissenswertes, Anekdoten

Der Name Leimkraut bezieht sich auf eine klebrige Behaarung der oberen Stängelabschnitte, die bei einigen Arten dieser Gattung vorkommt, zum Beispiel beim Nickenden Leimkraut *(Silene nutans).* Beim Taubenkropf-Leimkraut ist der Stängel jedoch nicht klebrig. Dafür sondern die Blüten viel Nektar ab, der die Nachtfalter anlockt. Sie sorgen für die Bestäubung der Blüten.
In der Volksmedizin wurde die Pflanze gegen Blasenleiden eingesetzt. Dies entsprach den Grundannahmen der Signaturenlehre, wie sie unter anderem von Paracelsus (1493–1541) vertreten wurde. Danach sollte „Ähnliches durch Ähnliches" geheilt werden. Das Blasenkraut, wie das Taubenkropf-Leimkraut auch genannt wurde, gab man also zum Beispiel bei einer entzündeten Blase als Heilmittel.

Vogelmiere *(Stellaria media)*

Januar bis Dezember *5 bis 30 Zentimeter*

Meierich, Hühnerdarm, Schmiergras, Vogelkraut, Fieberkraut

Fundorte

In Gärten, vor allem auf unbepflanzten Flächen, auf Ödland und an lichten Stellen in Wäldern. Sie ist ein Stickstoffzeiger.

Merkmale und Verwechslungsgefahr

Hält man die Pflanze gegen das Licht, erkennt man die typische einreihige Haarleiste auf dem Stängel. Sie ist ein eindeutiges Merkmal. Die weichen Stängel verzweigen sich, liegen teilweise flach und überziehen den Boden mit einem grünen Teppich. Die Blätter sind breit, eiförmig und spitz zulaufend. Die Blüten stehen einzeln. Ihre Blütenblätter sind tief eingeschnitten – so glaubt man nicht fünf, sondern zehn zu zählen.

Eine Verwechslungsgefahr besteht vor allem vor der Blüte mit dem leicht giftigen Acker-Gauchheil (Anagallis arvensis)*, der jedoch kantige Stängel und dunkle Punkte an der Blattunter-*

seite besitzt, sowie mit der ebenfalls leicht giftigen Garten-Wolfsmilch (Euphorbia peplus). ***Aus dieser Pflanze tritt jedoch weißer Milchsaft, sobald man ein Blättchen abreißt.***

Auch das Quendelblättrige Sandkraut *(Arenaria serpyllifolia)*, Hornkraut-Arten *(Cerastium spec.)* und andere Vogelmiere-Arten sehen auf den ersten Blick ähnlich aus, sind aber ungiftig.

Was wird gesammelt?

Ganze junge Pflanzen können büschelweise abgeschnitten werden. Sie sind fast das ganze Jahr über verfügbar.

Inhaltsstoffe und Geschmack

Reich an Kalzium, Kalium, Magnesium, Selen und Eisen sowie die Vitamine A, B1, B2, B3 und viel Vitamin C. Des Weiteren findet man Selen, Schleimstoffe, Saponine, Flavonoide, Kieselsäure, Oxalsäure (siehe dazu auch Seite 235) und Gamma-Linolensäure. Der Geschmack erinnert an Zuckermais.

Verwendung

Die ganze Pflanze schmeckt lecker als Salat. Sie kann auch gedünstet und zu einer Suppe verarbeitet werden.

Für grüne Spätzle pürieren Sie **80 Gramm Vogelmiere** *mit* **5 Eiern** *und etwas* **Salz**. *Anschließend wird die Masse mit* **400 Gramm Mehl** *und etwa* **100 Milliliter Mineralwasser** *zu einem luftigen Teig verrührt sowie mit Salz und Muskatnuss abgeschmeckt. Bei Zimmertemperatur 1 Stunde lang ruhen lassen. Wasser mit einer Prise Salz in einem Topf zum Kochen bringen. Streichen Sie etwas Teig auf einem Brett glatt, schneiden Stücke davon ab und schaben diese in das kochende Wasser. Steigen die Spätzle an die Wasseroberfläche, werden sie abgeschöpft und dann lässt man sie in einem Sieb abtropfen.*

Wissenswertes, Anekdoten

In der Volksmedizin wird das Kraut zum Beispiel gegen Husten verordnet. Die Pflanze soll auch den Stoffwechsel anregen, vitalisierend gegen Frühjahrsmüdigkeit wirken und das Blut reinigen.

Wegwarte *(Cichorium intybus)*

Juli bis Oktober *20 bis 150 Zentimeter*

Wilde Zichorie, Blaue Distel, Eisenkraut, Sonnenwende, Faule Gretl, Verwünschte Jungfer, Hustekraut, Nierenkraut

Fundorte

An Wegrändern, Zäunen, Mauern und auf Brachland.

Merkmale und Verwechslungsgefahr

Die kantigen Stängel wachsen sparrig verzweigt. Sie sind schütter behaart. Die Grundblätter bilden eine Rosette. Ihre Form erinnert an die Blätter vom Löwenzahn. Sie sind ähnlich tief eingeschnitten, tragen aber auf der Unterseite oft borstige Haare. Die Stängelblätter sind teils ganzrandig, teils gezähnt, und sie umfassen den Stängel halb. Die Blüten stehen häufig zu zweit oder zu dritt zusammen. Sie öffnen sich frühmorgens und schließen sich gegen Mittag schon wieder (daher der Volksname Faule Gretl).

Ähnlich sehen die Blüten des Blauen Lattichs *(Lactuca perennis)* aus, dessen Stängelblätter jedoch wie die Rosettenblätter tief buchtig gezähnt sind. Auch er wurde früher als Salatpflanze genutzt, obgleich man heute annimmt, dass seine Bitterstoffe schwach giftig sind.

Was wird gesammelt?

Blätter vor der Blüte (danach werden sie sehr bitter), Stängel, Blüten und Wurzeln.

Inhaltsstoffe und Geschmack

Bitterstoffe, Cumarinderivate, Kalium und das Kohlenhydrat Inulin in der Wurzel. Die ganze Pflanze schmeckt bitter.

Verwendung

Die jungen Blätter können in Salate gemischt werden oder lassen sich zu Spinat und Suppen verarbeiten. Werden die Blätter vor der Verwendung in Wasser gelegt, wäscht ein Teil der Bitterstoffe aus.
Auch die Stängel können als Gemüse gedünstet werden. Die Blüten dienen als Verzierung, die auch gegessen werden kann.

Wissenswertes, Anekdoten

Früher galt die Wegwarte als Zauberpflanze. So rät noch ein Arzneibuch des 17. Jahrhunderts, Folgendes zu tun: „Wan einer etwas verloren hat, so soll er nehmen Wegwart, soll dasselbige in die Schlaffhauben thun, die Nacht darauff schlafen, so treumet ihm die ganze Nacht von dem, der es gethan, du musst aber das Kraut morgens frühe vor der Sonne Auffgang holen."
Die getrockneten, gerösteten und gemahlenen Wurzeln sind die Grundlage für den Zichorienkaffee, der auch Muckefuck heißt. Er kam immer dann auf den Tisch, wenn Bohnenkaffee Mangelware war, beispielsweise während des Zweiten Weltkriegs und danach.

Weißer Gänsefuß

(Chenopodium album)

Juli bis September *10 bis 200 Zentimeter*

Wilde Melde, Butterblümchen, Krötenkraut, Wilder Spinat

Fundorte

Im Garten, an Wegen, Waldlichtungen, auf Äckern sowie Brach- und Ödland. Die Pflanze kommt häufig vor und bildet bis zu einem Meter tiefe Wurzeln.

Merkmale und Verwechslungsgefahr

Der aufrechte, verzweigte Stängel ist manchmal stellenweise rot gefärbt. An ihm sitzen die Blätter. Sie sind gezähnt, mehr oder wenig eiförmig und laufen spitz zu. Ihre Grundfarbe ist blau oder graugrün. Darüber hinaus erscheinen sie mehlig bestäubt. Auch die knäueligen, grünen Blütenstände, die aus den Blattachseln wachsen, scheinen mit Mehl bestäubt zu sein. Verwechselt werden kann die Pflanze mit einer Reihe anderer Gänsefußarten, zum Beispiel der Spießmelde *(Atriplex hastata)*, die aber ebenfalls genießbar ist. Gänsefußarten, die man nicht essen sollte, erkennt man am unangenehmen Geruch, beispielsweise den Stinkenden Gänsefuß *(Chenopodium vulvaria)*. Sie sind aber nicht giftig.

Was wird gesammelt?
Blätter, junge Triebe, Blütenknospen, Samen.

Inhaltsstoffe und Geschmack
Vitamin C und A sowie Vitamine der B-Gruppe, Saponine, Oxalsäure sowie reich an Mineralstoffen wie Kalium, Eisen, Zink und Phosphor. Der Geschmack ist nussartig und erinnert an Spinat.

Verwendung
Weißer Gänsefuß eignet sich für Aufläufe, Gemüsefüllungen, Suppen und Quiches. Das junge Wildkraut wird wie Spinat zubereitet. Blütenknospen sowie Blüten werden wie Nüsse genascht oder in Salate und in Frischkäse gemischt. Reibt man die gereiften trockenen Fruchtstände in den Händen, fallen die Samen heraus. Sie lassen sich wie Sesam rösten, als Brei zubereiten oder zu einem Mehl vermahlen. Früher wurde es mit Getreidemehl gemischt, um dann daraus zum Beispiel Brot zu backen.

Für Gänsefuß-Paprikagemüse **500 Gramm Gänsefußblätter** *waschen und in Salzwasser 2 Minuten blanchieren, abtropfen lassen und mit* **1 Prise Salz** *und* **1 Teelöffel eingelegtem grünen Pfeffer** *würzen.* **2 rote Paprika, 4 Tomaten** *und* **1 Zwiebel** *mundgerecht würfeln sowie* **2 Knoblauchzehen** *hacken.* **3 Esslöffel Butter** *in einem extra Topf zerlassen und das Gemüse darin samt* **50 Gramm gewürfeltem Schinken** *etwa 10 Minuten lang dünsten. Anschließend* **1 Esslöffel Tomatenmark** *und etwas* **Chilipulver** *unterrühren und abschmecken. Gänsefuß- und Paprikagemüse getrennt nebeneinander auf einem Teller anrichten.*

Wissenswertes, Anekdoten
Zur Römerzeit wurde diese Pflanze noch in den Gemüsegärten kultiviert. Bei Ausgrabungen fand man Samen des Weißen Gänsefußes sogar schon in den Speisekammern von Siedlungen der Jungsteinzeit. Häufig wurde daraus Grütze gekocht. Quinoa *(Chenopodium quinoa)*, eine für die Inkas wichtige Getreideart, ist nahe mit dem Weißen Gänsefuß verwandt. Menschen mit Nieren- oder Leberschäden sollten die Pflanze aufgrund der Oxalate besser meiden (siehe dazu auch Seite 235).

Wilde Malve *(Malva sylvestris)*

Mai bis Oktober ***40 bis 120 Zentimeter***

Rosspappel, Hanfpappel, Käsepappel, Gänselatschen, Halsblume, Zeitkraut

Fundorte

Auf Öd- und Brachland, Schuttplätzen sowie an Wegen, Mauern und Gebüschsäumen.

Merkmale und Verwechslungsgefahr

Die Pflanze wächst mehr oder weniger aufrecht. Es entstehen mehrere Blüten in den Blattachseln und an der Spitze der Triebe. Die Blätter sind herzförmig, meist fünflappig und am Rand gezähnt. Aus den rosa bis purpurvioletten Blüten treten dunkle Adern hervor. Die Blütenblätter tragen am Rand eine Einbuchtung. Die Früchte sind grün, weich und scheibenförmig.

Eine Verwechslung mit anderen Malvenarten wäre auf den ersten Blick möglich, jedoch unproblematisch, da sie alle ungefährlich und für die Verarbeitung in der Küche interessant sind.

Was wird gesammelt?
Blätter, Blütenknospen, Blüten, Früchte und Wurzeln.

Inhaltsstoffe und Geschmack
Vor allem Schleimstoffe, außerdem Flavonoide, Mineralstoffe, Kaffeesäure und Chlorogensäure. Der Geschmack der Blätter ist mild und süßlich. Die Früchte schmecken wie Haselnüsse.

Verwendung
Die jungen Blätter eignen sich bestens für Salate. Ältere Blätter sollte man zusammen mit anderem Gemüse kochen. Da sie schleimhaltig sind, lassen sich damit auch Suppen andicken.
Die wohlschmeckenden Blüten sind zum Garnieren von Speisen oder püriert zum Aromatisieren von Nachspeisen und Getränken geeignet.
Die Früchte können direkt von der Pflanze genascht werden.
Auch die Wurzeln eignen sich zum Andicken. So kann man sie einfach in Gemüsesuppen mitkochen.

Wissenswertes, Anekdoten
Die Bezeichnung Pappel für die Malve hat nichts mit der gleichnamigen Baumart zu tun. Vielmehr geht sie zurück auf das niederhochdeutsche Wort „Pappe“ für Brei. Die schleimhaltigen Malven wurden früher für Breiumschläge sowie auch als Nahrung genutzt.
Rosspappel heißt sie wegen ihres kräftigen Wuchses und um sie von den „edlen“ Malvenarten abzugrenzen, die im Garten angepflanzt werden: So heißt die *Malva alcea* etwa Rosenpappel.
Den auch häufig verwendeten Namen Käsepappel bekam die Pflanze wegen der scheibenförmigen Früchte, die wie kleine Käselaibe aussehen.

Wald und Waldränder

Ährige Teufelskralle

(Phyteuma spicatum)

April bis Juni *20 bis 50 Zentimeter*

Gottesfingerchen, Holzkohl, Rapunzel, Wilde Rüblin, Waldspinat

Fundorte

In Laub- und Mischwäldern, vereinzelt auch im Nadelwald und auf Bergwiesen.

Merkmale und Verwechslungsgefahr

Trotz des gruseligen Namens gehört die Pflanze zu den Glockenblumengewächsen. Aus einer dicken, ausdauernden Wurzel sprießen im Frühling zuerst die großen, langestielten herzförmigen Blätter. Manchmal sind diese an der mittleren Blattrippe dunkel gefärbt (gefleckt). Aus ihrer Mitte erhebt sich der aufrechte Stängel, an dem längliche, ungestielte Blätter sitzen. Die Blütenstände sind zunächst ährig und entwickeln sich dann zu walzenförmigen Köpfchen. Sie können weiß bis cremefarben sein und manchmal auch einen bläulichen Schimmer tragen.
Eine entfernte Ähnlichkeit besteht zu anderen Teufelskrallen, die jedoch anders gefärbte Blüten und kleinere Blätter haben.

Vor der Blüte erinnern die Blätter der Ährigen Teufelskralle an die von Veilchen *(Viola odorata)*. Veilchenblätter tragen jedoch feine Haare, sind weich und mattgrün. Alle genannten Pflanzen sind ebenfalls genießbar.

Was wird gesammelt?

Junge Blätter, geschlossene Blütenstände, Blüten und Wurzeln.

Inhaltsstoffe und Geschmack

Vitamine und Mineralstoffe. Die Wurzel schmeckt roh wie ein Rettich. Durch das Kochen wird der Geschmack mild und süß und erinnert dann an Esskastanien. Der Geschmack der Blätter ist mild-würzig.

Verwendung

Die Blätter eignen sich zu Salaten, lassen sich wie Spinat zubereiten oder passen als Zutat in Kräuterquark. Sie schmecken auch unmittelbar als Brotbelag. Die geschlossenen Blütenstände werden wie Spargel gedünstet. Sie sind mildsüß mit einer leichten Würze und sehr aromatisch. Die Blüten sind für Speisen eine schöne Dekoration. Der Wurzel galt immer schon das Hauptinteresse: Sie kann roh und gekocht zubereitet werden.

Für Teufelskrallenblüten mit Creme fraîche **300 Gramm Blütenstände** *waschen und in ein großes Metallsieb geben. Einen Topf mit etwas Wasser zum Kochen bringen und das Sieb mit den Blütenständen hineinhängen. Diese werden im Wasserdampf nur so lange gegart, dass sie noch knackig bleiben. Anschließend* **100 Gramm Creme fraîche** *erwärmen, leicht salzen und mit den Blütenständen auf einem Teller anrichten.*

Wissenswertes, Anekdoten

Den Namen Teufelskralle erhielt die Pflanze wegen ihrer nach oben gekrümmten Blütenknospen. Dieser in Bayern zu Beginn des 19. Jahrhunderts gebräuchliche Name hat sich landesweit durchgesetzt. Nicht zum Zuge kam dagegen der Name Gottesfingerchen, der eine Art Gegenstück zu Teufelskralle war. Aufgrund der dicken Wurzel hieß die Pflanze in einigen Gegenden auch Rapunzel, denn lateinisch *rapum* bedeutet Rübe.

Bärlauch *(Allium ursinum)*

Februar bis April *20 bis 50 Zentimeter*

Wilder Knoblauch, Wurmlauch, Hexenzwiebel, Maikönig

Fundorte

In Laub-, Misch- und Auenwäldern sowie Parkanlagen. Die Pflanzen lieben humusreiche, frische bis feuchte Böden, vertragen Schatten und bilden häufig teppichartige Bestände.

Merkmale und Verwechslungsgefahr

Die Zwiebelpflanze, die zu den Liliengewächsen gehört, bildet über dem Boden an kurzen Stielen zwei breit-ovale Blätter aus. Diese sind bis 5 Zentimeter breit und bis 15 Zentimeter lang. Die schneeweißen Blütenstände erscheinen in Dolden. An ihnen hängen viele kleine sternförmige Blüten mit je sechs Blütenblättern. Bald nach ihrer Blüte vertrocknen die Blätter. Die Nährstoffe daraus sammeln sich dann in den Zwiebeln. Mithilfe solcher Energiereserven treiben sie im Folgejahr wieder aus.

Die Blätter können mit denen des giftigen Maiglöckchens (Convallaria majalis) *verwechselt werden – allerdings nur*

optisch, denn den typischen Knoblauchgeruch verströmen nur die Bärlauchblätter, sobald man sie reibt. Blühen die Pflanzen, sind sie auch sicher zu unterscheiden. Denn das Maiglöckchen hat glockenförmige Blüten.
Die ebenfalls ähnlichen Blätter der giftigen Herbstzeitlose (Colchicum autumnale) *sind dagegen bis zu 30 Zentimeter lang, schmal und bilden eine Art Trichter. Auch ihnen fehlt der Knoblauchgeruch. In ihrer Mitte findet sich eine dem Krokus ähnliche Blüte und später die Fruchtkapsel, die aus drei Fächern besteht.*

Was wird gesammelt?

Ab März die Blätter. Diese verlieren teilweise ihr Aroma, sobald die Pflanze zu blühen beginnt. Um die Bestände zu schonen, sollte pro Pflanze nur ein Blatt abgezupft werden. Auch die Blüten lassen sich ernten. Im Sommer und Herbst können die Zwiebeln ausgegraben werden.

Inhaltsstoffe und Geschmack

Schwefelhaltige ätherische Öle, Senfölglykoside, Vitamin C und Eisen. Der Geschmack der Blätter ist dem Knoblauch ähnlich, nur milder. Die Blüten schmecken angenehm würzig.

Verwendung

Frische Blätter (getrocknet wirken sie nicht mehr so stark) eignen sich zum Würzen von Salaten, Quark, Gemüsegerichten und Suppen. Als Pesto und als Brotaufstrich sowie zum Aromatisieren von Essig und Öl sowie als Zutat zu Wildgemüsespinat. Dieser sollte zum Beispiel mit Brennnesseln und Giersch gemischt werden, da Bärlauch allein zu scharf wäre.

Für Bärlauch-Pesto schneiden Sie zwischen **50** *und* **100 Gramm Bärlauchblätter** *sehr fein und vermischen diese mit etwa* **50 Gramm geriebenem Parmesankäse, 100 Gramm Olivenöl** *und* **50 Gramm gerösteten Pinienkernen** *(eventuell gerieben). Abgefüllt in gut verschlossenen Schraubgläsern, bleibt diese Pesto-Zubereitung im Kühlschrank zwei bis drei Monate haltbar.*

Wissenswertes, Anekdoten

Noch immer sollen Bären die Pflanzen nach ihrem Winterschlaf in großen Mengen fressen – deshalb der Name: Das lateinische Wort ursinus bedeutet „für Bären geeignet“.

Echte Nelkenwurz *(Geum urbanum)*

Mai bis September *25 bis 70 Zentimeter*

Igelkraut, Johanneswurzen, Heil der Welt, Fleckenchrut, Weinwurz

Fundorte

In lichten Wäldern, Gebüschen, schattigen Gartenecken, an Zäunen, Mauern, auf Ödland.

Merkmale und Verwechslungsgefahr

Die Grundblätter, die als Erstes aus dem Boden sprießen, sind häufig noch ungeteilt. Sie sehen denen von Gundermann und Knoblauchsrauke ähnlich (siehe Seite 108 und 80). Später sind die Blätter unregelmäßig gefiedert, mit einer großen Endfieder und grob gezähnt. Sie können bis zu 20 Zentimeter lang werden. Der rau behaarte Stängel verzweigt sich zu mehreren Blütentrieben. Zur Zeit der Fruchtreife krümmen sich die Griffel hakenförmig. So können die Früchte leicht im Fell von Tieren hängen bleiben.

Vor allem die Blüten ähneln denen der Blutwurz *(Potentilla erecta)*. Ihr Wurzelstock ist allerdings rot gefärbt und riecht nicht nach Nelken. Bei ihr handelt es sich ebenfalls um eine alte Heilpflanze.

Was wird gesammelt?

Junge Blätter, Blüten, Blütenknospen und Wurzeln.

Inhaltsstoffe und Geschmack

Gerb- und Bitterstoffe, Zucker, ätherisches Öl. Der Wurzelstock hat das Aroma von Gewürznelken.

Verwendung

Die jungen Blätter werden Salaten, Quark und Gemüsegerichten beigemischt. Mit den Blüten und Blütenknospen lassen sich Speisen dekorieren.
Ab September werden die Wurzeln geerntet, die man in Gemüsesuppen mitkochen und zum Würzen verwenden kann. Sie können dabei als Ersatz von Gewürznelken dienen.

Wissenswertes, Anekdoten

Die Wurzel ist ein altes Heil- und Würzmittel. In England werden damit Wein, Bier und Likör aromatisiert.
In der Volksmedizin verordnet man Tee gegen Durchfall, Gicht sowie bei Schleimhaut- und Zahnfleischentzündungen. Früher wurden ihr auch Kräfte zugeschrieben, die Augen heilen zu können. Dazu wurden Wurzeln gesammelt, platt geschlagen, getrocknet und in einen kleinen Sack eingenäht. Dieser sollte nun acht Tage lang ununterbrochen um den Hals getragen werden. „Danach werfe man ihn in ein fließendes Gewässer. Man hüte sich aber, sich dabei umzusehen; denn sonst sei die Wirkung verfehlt", heißt es in einer Empfehlung aus der Schweiz, wo die Pflanze Fleckenchrut heißt.

Echtes Lungenkraut

(Pulmonaria officinalis)

März bis Mai *10 bis 30 Zentimeter*

Pluderhose, Hansl und Gretl, Hundszungen, Pfleckenkraut, Honigblume, Brustkraut, Tabaksblum

Fundorte

In Laubmischwäldern, an Gebüschsäumen und Waldrändern. Die Pflanze liebt humusreiche, frische Böden.

Merkmale und Verwechslungsgefahr

Die Grundblätter bilden eine Rosette. Sie sind rau behaart, eiförmig und häufig weiß gefleckt. Die Stängelblätter sind eher länglich und ebenfalls behaart, und die Blattstiele sind geflügelt. Die Blüten stehen am Ende des Stängels in Wickeln zusammen. Ihre Farbe wechselt von anfänglich rot zu blauviolett.

Was wird gesammelt?

Junge Blätter und Blüten.

Inhaltsstoffe und Geschmack

Flavonoide, Mineralstoffe, Schleim- und Gerbstoffe, Vitamin C und Allantoin. Der Geschmack erinnert an Gurken und ist ähnlich wie der des verwandten Beinwells (siehe Seite 102).

Verwendung

Die jungen Blätter mischt man in Salate und Kräuterquark, ebenso die Blüten. Die älteren Blätter lassen sich wie Spinat verarbeiten oder man dünstet sie zusammen mit anderem Gemüse.

Die Blätter können auch in Teig getaucht und in der Pfanne frittiert werden. Der Teig entspricht einem Pfannkuchenteig ohne Zucker. Verrühren Sie **200 Gramm Mehl, 2 Eier, 375 Milliliter Milch** *sowie* **Salz** *und* **Pfeffer** *miteinander. Vor der Verarbeitung sollten Sie den Teig noch mindestens eine halbe Stunde stehen lassen.*

Wissenswertes, Anekdoten

Der Farbwechsel der Blüten – zuerst Rot und später Blau – hat mit dem Säuregehalt des Zellsaftes zu tun. Solange er sauer ist, sind die Blüten rot. Mit dem Alter der Blüten nimmt der Säuregehalt ab und die Farbe ändert sich zum Blau. Früher hatte man geglaubt, das Kraut könne jegliche Art von Atemwegserkrankungen und Lungenleiden heilen. Diese Überzeugung ging auf die Signaturenlehre zurück, die in der Antike und im späten Mittelalter weitverbreitet war. Demnach konnte „Ähnliches durch Ähnliches“ geheilt werden. Die Flecken auf den Blättern erinnerten an eine durch Krankheit angegriffene Lunge. So meinte man, ein probates Heilmittel gefunden zu haben. Daher rührt auch der Name Lungenkraut.

Giersch *(Aegopodium podagraria)*

Mai bis August *30 bis 100 Zentimeter*

Geißfuß, Gichtkraut, Zipperleinkraut, Ackerholler

Fundorte

An Waldrändern, auf Uferböschungen, in Parks und Gärten, vor allem in Verbindung mit Gehölzen im Halbschatten.

Merkmale und Verwechslungsgefahr

Charakteristisch sind die dreiteiligen Blätter, die sich aus drei am Rand gezähnten Blattfiedern zusammensetzen. Nach ihnen heißt die Pflanze auch Geißfuß. Der kräftige Stängel ist dreieckig und an einer Seite gefurcht. Die kleinen weißen Blüten stehen in einer Dolde dicht zusammen. Unterirdisch bildet die Pflanze viele Ausläufer.

Die Blütenstände ähneln denen einiger giftiger Pflanzen, zum Beispiel der Hundspetersilie (Aethusa cynapium)***, dem Heckenkälberkopf*** (Chaerophyllum temulum) ***und dem Gefleckten Schierling*** (Conium maculatum)***. Ein deutliches Unterscheidungsmerkmal sind jedoch die beim Giersch relativ großen Blattfiedern sowie die dreieckige Form des Stängels.***

Was wird gesammelt?
Die Blätter, die frisch aus dem Boden sprießenden Triebe, Stängel, Blüten und Samen.

Inhaltsstoffe und Geschmack
Reich an Mineralstoffen wie Kalium, Magnesium, Kalzium, Mangan, Zink und Kupfer. Darüber hinaus sind enthalten ätherische Öle, Flavonoide sowie die Vitamine A und C. Die Blätter haben einen milden, fein würzigen Geschmack, der an Sellerie und Möhre erinnert. Reibt man sie zwischen den Fingern, riechen sie nach Petersilie.

Verwendung
Giersch gilt als eines der besten Wildgemüse überhaupt. Die jungen, leicht gekräuselten Blätter sind frisch für Salate sehr gut geeignet. Ferner lässt er sich als eine Art Spinat, in Verbindung mit einer Kräuter-Sahne-Sauce zu Nudeln und in Pfannkuchen zubereiten. In Wildkräutersuppen kombiniert man Giersch am besten mit anderen Kräutern wie Brennnesseln, Gänseblümchen, Gundermann und Sauerampfer.
Die essbaren Blüten dienen der Dekoration von Speisen, und die gerösteten Samen ergeben eine gute Würze.

Für eine Kartoffel-Käse-Pfanne mit Giersch für 4 Personen
600 Gramm festkochende Kartoffeln *schälen, waschen und in dünne Scheiben schneiden.* **200 Gramm Gierschblätter** *in Streifen schneiden. Etwas* **Butter** *und* **Pflanzenöl** *in einer Pfanne zergehen lassen und die Kartoffeln darin auf beiden Seiten goldgelb anbraten. Mit geriebener* **Muskatnuss, Salz, Pfeffer** *und* **1 zerdrückten Knoblauchzehe** *würzen. Die Gierschblätter unterrühren und schließlich* **200 Gramm geriebenen Käse** *(z. B. Greyerzer) darüber streuen und etwas unterheben. Wenn dieser eine goldgelbe Kruste hat, kann das Gericht serviert werden. Abschließend mit frisch gehackten Gierschblättern (etwa 20 Gramm) bestreuen.*

Wissenswertes, Anekdoten
Für den Gärtner zählt dieses Kraut zu einer seiner größten Plagen. Für einen von Gicht geplagten Schmerzpatienten soll es dagegen große Linderung bedeuten: Der botanische Name Podagraria heißt nämlich „die Gicht heilend". In der Volksmedizin wurden früher frisch zerdrückte Pflanzen gegen das Leiden als Umschlag auf die Füße gelegt.

Hopfen *(Humulus lupulus)*

Juli bis August *200 bis 600 Zentimeter*

Hoppen, Klemmop, Glätschblumen, Mönchsriemen

Fundorte

Auenwälder, Gebüsche, an Ufern. Die Pflanze bevorzugt nährstoffreiche, feuchte Böden. Sie erträgt auch Überflutungen.

Merkmale und Verwechslungsgefahr

Der Hopfen ist eine ausdauernde Kletterpflanze mit vierkantigem Stängel, die sich rechts herum an Stützen emporwindet. Borstige Haare bedecken Stängel und Blätter. Sie sind so rau wie Schmirgelpapier und für die Pflanze ein typisches Erkennungsmerkmal. Männliche und weibliche Blütenstände befinden sich auf verschiedenen Pflanzen. Unverwechselbar sind auch die weiblichen Blüten, die im Sommer wie kleine grüne Zapfen an der Pflanze hängen.

Was wird gesammelt?

Im Frühjahr und Frühsommer die jungen Triebe, im Herbst die Blüten und Wurzeln.

Inhaltsstoffe und Geschmack

Bitterstoffe, Polysaccharide, Gerbstoffe, Flavonoide und Phytoöstrogene. Der Geschmack ist feinherb, etwas bitter und nussartig.

Verwendung

Die zarten Triebe, die sich im Frühjahr bilden, lassen sich leicht mit den Fingern abknipsen. Sie können roh in Salate geschnitten oder gedünstet und dann wie Spargel zubereitet werden.
Die Hopfentriebe eignen sich auch gut für die Zubereitung von Omeletts, Rührei und Quiche.
Die jungen Wurzeln können als Gemüse gekocht oder gebraten werden.

Ein süß-herbes Gelee lässt sich folgendermaßen zubereiten: Kochen Sie **2 Handvoll Blütenzapfen** *in* **1 Liter Apfelsaft** *10 Minuten lang aus. Gießen Sie den Sud durch ein Sieb und geben Sie dann den* **Saft 1 Zitrone** *sowie* **200 Gramm Zucker** *hinzu. Lassen Sie alles bis zum Gelieren nochmals köcheln. Eine Gelierprobe* *(siehe Seite 237)* *zeigt Ihnen an, wann das Gelee fertig ist.*

Wissenswertes, Anekdoten

Hopfen ist ein germanisches Wort, das sich auf die weiblichen Blütenzapfen bezieht, die für das Bierbrauen benötigt werden. Es bedeutet so viel wie „buschige Quaste".
Hopfen wirkt, so die Volksmedizin und medizinisch erwiesen, beruhigend und krampflösend, und er fördert den Schlaf. Bei Schlaflosigkeit kann ein Tee aus Hopfenzapfen – das sind die weiblichen Blütenstände – helfen.
Auch ein Kopfkissen für die Nacht lässt sich mit Blüten befüllen und kann so entspannend sowie schlaffördernd wirken. Wem der Biergeruch des Hopfens unangenehm ist, kann zum Beispiel noch Kamilleblüten dazumischen.

Knoblauchsrauke *(Alliaria petiolata)*

April bis Juni *20 bis 100 Zentimeter*

Lauchhederich, Waldknoblauch, Salsekraut, Blöderkraut

Fundorte

In lichten Wäldern, schattigen Unkrautfluren, Gärten, an Waldrändern, Gebüschrändern, Zäunen. Die Pflanzen lieben nährstoffreiche, feuchte Böden.

Merkmale und Verwechslungsgefahr

Der Stängel wächst aufrecht und unverzweigt. Die Blätter erinnern an die der Brennnessel. Sie sind teils gekerbt und teils gezähnt. Sobald man den Knoblauchgeruch wahrnimmt, ist jede Verwechslungsgefahr ausgeschlossen. Die Blätter entstehen am kantigen Stängel, an dessen Spitze die Blütenbüschel sitzen. Junge Blätter wachsen aber vor und nach der Blütezeit auch unmittelbar am Boden.

Was wird gesammelt?

Junge Blätter, Blüten, Wurzel und Samen.

Inhaltsstoffe und Geschmack

Knoblauchöl, Senfölglykosid, Sinigrin, Saponine, Mineralstoffe sowie die Vitamine A und C. Die Blätter entfalten vier Aromanoten: süß, knoblauchähnlich, scharf und bitter. Ihr Geschmack erinnert an milden Knoblauch und Kresse.

Verwendung

Die Blätter sollte man nur frisch verwenden. Am besten hackt man sie wie Petersilie klein und nutzt sie zum Würzen von Salaten. Aus ihnen lässt sich auch ein Pesto bereiten (siehe dazu auch Seite 71). Blüten und Blütenstände werden ebenfalls frisch als Würze benutzt. In den langen Schoten finden sich später scharf schmeckende Samen, die man wie Senfkörner mahlen und mit Essig und Salz zu Senf verarbeiten kann. Im Herbst und Frühjahr können die Wurzeln ausgegraben werden und ebenfalls zum Würzen von frischen und gekochten Speisen dienen.

Für ein Knoblauchsrauken-Risotto für 4 Personen **125 Gramm junge Blätter** *und* **Triebspitzen** *waschen, trocknen und klein schneiden.* **1 große Gemüsezwiebel** *fein würfeln und in einem Topf mit* **3 Esslöffeln Öl** *glasig dünsten.* **300 Gramm Risotto-Reis** *hinzufügen und mit der Zwiebel verrühren. Unter Rühren* **200 Milliliter Weißwein** *hinzugeben, köcheln lassen, hin und wieder umrühren. Ist die Flüssigkeit vom Reis aufgesogen, ein wenig Brühe nachgießen und umrühren. Diesen Vorgang mehrfach wiederholen, bis alle* **Brühe** *(insgesamt 1 Liter) aufgebraucht ist. Der Reis sollte dann eine sämige, cremige Konsistenz haben.* **150 Gramm Parmesan** *und Knoblauchsrauke hinzufügen und mit* **Salz** *und* **Pfeffer** *abschmecken. Auf Teller füllen und 50 Gramm Parmesan darüber streuen.*

Wissenswertes, Anekdoten

Das botanische Wort *Alliaria* ist eine Ableitung von Allium. Küchenzwiebel, Schnittlauch und auch Knoblauch sowie Bärlauch gehören der Gattung Allium an. Im Gegensatz zu den langen schmalen Blättern dieser Würzpflanzen, die typisch sind für einkeimblättrige Gewächse, trägt die Knoblauchsrauke herzförmige Blätter. Sie gehört in die Gruppe der zweikeimblättrigen Pflanzen. Auch die Bezeichnung „petiolata“, was übersetzt „mit gestielten Blättern“ bedeutet, ist ein deutlicher Hinweis auf den aus botanischer Sicht großen Unterschied zwischen Knoblauch und Knoblauchsrauke.

März-Veilchen *(Viola odorata)*

März bis April *5 bis 10 Zentimeter*

Wohlriechendes Veilchen, Blaue Viole, Schmeckveilchen, Fastenveigerl, Maiennägeli

Fundorte

In Hecken, an Waldrändern, unter Sträuchern, auf Rasenflächen und Ödland.

Merkmale und Verwechslungsgefahr

Jedes Jahr treibt die Blattrosette aus dem Wurzelstock der Pflanze. Oberirdisch entstehen lange Ausläufer, an denen Tochterpflanzen wachsen. Die Blätter sind breit herzförmig und am Rand gekerbt. Die Blüten sind meist dunkelviolett gefärbt, manchmal auch weiß oder rosa, und sie duften. Der Duft unterscheidet diese Art auch von anderen Veilchenarten, die ähnlich aussehen. Keine von ihnen ist jedoch ungenießbar.

Bei der Blüte kann das März-Veilchen mit der Ährigen Teufelskralle *(Phyteuma spicatum)* verwechselt werden, die ebenfalls zu den essbaren Wildpflanzen gehört. Deren Blätter sind in der Mitte jedoch häufig schwarz gefleckt.

Was wird gesammelt?
Blätter, Triebe, Blütenknospen, Blüten und Wurzelstock.

Inhaltsstoffe und Geschmack
Saponine, Bitterstoffe, Alkaloide, Eugenol, Flavonoide, Salizylsäuremethylester, Schleimstoffe und geringere Mengen des Alkaloids Violin. In den Blüten finden sich noch ein für den Duft verantwortliches ätherisches Öl und der blaue Farbstoff Cyanin – ein Anthocyanglykosid. Der Geschmack der Pflanze ist leicht süßlich.

Verwendung
Junge Blätter, Triebe, Blütenknospen und Blüten machen sich gut in Salaten.
Die Blätter können gekocht in Gemüsegerichten gegessen werden. Aufgrund ihres Schleimgehalts lassen sich mit ihnen auch Suppen andicken.
Die Blüten können zu Konfitüre verarbeitet, mit Zucker kandiert oder zum Aromatisieren genutzt werden. Setzt man eine Handvoll Blüten mit einem halben Liter Weißweinessig auf und lässt das Ganze zwei Wochen lang ziehen, wird daraus ein leckerer Veilchenessig.

Wissenswertes, Anekdoten
Das März-Veilchen stammt aus dem Mittelmeergebiet. Es ist schon vor Hunderten von Jahren als Heilpflanze in den Gärten kultiviert worden und dann ausgewildert.
In der Volksmedizin werden Wurzel sowie getrocknetes Kraut als schleimlösendes Mittel bei Bronchitis verabreicht. Die Wurzeln wurden früher auch geröstet und dienten dann als Kaffee-Ersatz.

Scharbockskraut *(Ranunculus ficaria)*

März bis Mai *5 bis 30 Zentimeter*

Schmalzkraut, Goldsternblume, Pfennigkraut, Feigwarzenwurz, Blasenkraut, Zigeunersalat

Fundorte

Auf Wiesen, in Mischwäldern, Obstgärten, Parkanlagen, an Hecken und Gebüschsäumen.

Merkmale und Verwechslungsgefahr

Die Pflanzen erkennt man am besten an den gestielten, herz- bis nierenförmigen, glänzenden Blättern, die schon im frühen Frühjahr vor den Blüten sprießen. Der Stängel kriecht über den Erdboden und wurzelt an den Knoten. In den Blattachseln finden sich häufig Brutknöllchen. Die einzelnen Blüten sind 2 bis 3 Zentimeter groß.

Was wird gesammelt?

Die jungen Blätter, junge Triebe, Blütenknospen und Wurzeln. Während der Blüte sollten nur noch wenig und nach der Blüte keine Blätter mehr gesammelt werden, da dann der Gehalt an Ranunculin, aus dem sich das toxische Protoanemonin bildet, im Laub ansteigt. Der Stoff kann Reizungen der Schleimhäute verursachen.

Inhaltsstoffe und Geschmack

Gerbstoffe, Vitamin C, Ranunculin und andere Saponine. In den Wurzeln findet man vor allem Gerbstoffe, Asparagin und das Ferment Urease. Die Blätter schmecken leicht bitter, der Geschmack der Wurzeln erinnert an Walnuss und Chicorée.

Verwendung

Die jungen Blätter werden in Salate gemischt. Die Wurzeln werden in Salzwasser weichgekocht und anschließend in Essig eingelegt.

Von Jean-Marie Dumaine (siehe Seite 12) stammt das Rezept zu einem leckeren Maispfannkuchen mit Scharbockskraut. Für den Teig brauchen Sie **150 Gramm Maismehl, 3 Eier, 4 Esslöffel Sahne, 10 Gramm frische Hefe** *und* **4 Esslöffel Olivenöl.** *Alle Zutaten werden verrührt. Lassen Sie den Teig 2 Stunden bei Zimmertemperatur gehen. Dann mischen Sie* **200 Gramm Maiskörner, 50 Gramm gewürfelten Schinken, 50 Gramm gewürfelten Greyerzer, 25 Gramm geschälte** *und* **gewürfelte Scharbockskrautwurzel** *in den Teig. Alles mit* **Salz** *abschmecken und in einer Pfanne durchbacken. Abschließend können Sie das Ganze mit einer Handvoll Scharbockskrautblättern und -blüten garnieren.*

Wissenswertes, Anekdoten

Im Frühjahr zeigt das Scharbockskraut als eines der ersten Kräuter sein frisches Grün.
Scharbock ist eine alte Bezeichnung für die Vitaminmangel-Krankheit Skorbut. Früher wurden die Blätter wegen ihres Gehalts an Vitamin C gegessen, um sie zu verhindern.
In der Volksheilkunde verwendet man einen alkoholischen Auszug der Pflanze gegen Hämorrhoiden.

Schmalblättriges Weidenröschen

(Epilobium angustifolium)

Juni bis August *50 bis 180 Zentimeter*

Weiderich, Rotstock, Federblume, Feuerkraut, Leberkraut, Schoßkraut, Teeblom, Maria Bettstroh, Donnerkraut, Milchkraut, Wilder Oleander

Fundorte

An Wald- und Gebüschrändern, auf Brachland, Waldlichtungen und Schotterflächen.

Merkmale und Verwechslungsgefahr

Die Stängel der aufrecht wachsenden Pflanzen sind rötlich überlaufen und dicht beblättert. Die schmalen, langen, zugespitzten Blätter zeigen markante Blattnerven. Ihre Oberseite ist dunkelgrün und die Unterseite bläulich grün gefärbt. Die Blütentrauben nehmen fast die halbe Pflanzenhöhe ein.

Was wird gesammelt?

Blätter, Blüten, Blütenknospen, Stängel und Wurzel.

Inhaltsstoffe und Geschmack

Flavonoide, Gerbstoffe und Sitosterin. Der Geschmack erinnert an Feldsalat.

Verwendung

Blätter, Blüten und Blütenknospen werden in Salate gemischt, die Blütenknospen auch gegart.
Junge Stängelstücke lassen sich wie Spargel dünsten, wenn man sie zuvor schält. Geschälte Wurzeln können roh oder gekocht verarbeitet werden.
Die Blätter werden auch getrocknet, zerrieben, mit heißem Wasser überbrüht und wie grüner Tee getrunken.

Wissenswertes, Anekdoten

Neben Rainfarn (siehe Seite 54) und Johanniskraut ist das Weidenröschen ein wichtiger Bestandteil des sogenannten Kräuterwisches, der an Maria Himmelfahrt, also am 15. August, in vielen Kirchen geweiht wird. Es soll das Haus auch bei Gewittern vor Blitzschlag schützen. Blüten, die an Fronleichnam gestreut wurden, sammelte man anschließend auf und verwahrte sie im Haus. Zog nun ein Gewitter mit grollendem Donner auf, warf man schnell einige Blüten ins Feuer.
In der Volksmedizin wird das Weidenröschen *(E. hirsutum)* als Tee gegen Magen- und Darmentzündungen verabreicht.
Andere mitteleuropäische Weidenröschen-Arten wie Berg-Weidenröschen *(E. montana),* Kleinblütiges Weidenröschen *(E. parviflorum),* Zottiges Weidenröschen *(E. hirsutum),* Rosarotes Weidenröschen *(E. roseum)* und Sumpf-Weidenröschen *(E. palustre)* sind in gleicher Weise nutzbar.
Vom Schmalblättrigen Weidenröschen gibt es auch einige schöne Auslesen für den Garten wie die weiße Sorte 'Album' und die Sorte 'Stahl Rose' in zartem Rosa.

Süßdolde *(Myrrhis odorata)*

April bis Juli *50 bis 150 Zentimeter*

Großer Kerbel, Aniskerbel, Wilder Fenchel

Fundorte

Man findet sie an Waldrändern, Hecken sowie auf Staudenfluren.

Merkmale und Verwechslungsgefahr

Typisch sind die großen weichen, gefiederten Blätter, die einen anisartigen Geruch verströmen, wenn man sie zwischen den Fingern reibt. Die Blattstiele sind teils rötlich gefärbt. Die Blütendolden sind flach, cremeweiß und duften.

Was wird gesammelt?

Blätter, Blüten, Samen und Wurzeln.

Inhaltsstoffe und Geschmack

Ätherisches Öl und Flavonoide. Der Geschmack aller Pflanzenteile erinnert an Anis.

Verwendung

Die Blätter kann man als Würze in Eintopfgerichten mitkochen. Die Blüten schmecken in Salaten. Mit ihnen lassen sich auch Obstsalat, Kuchen und Kompott aromatisieren. Die noch grünen Samen sind lecker zum Knabbern und als frische Beigabe ins Müsli. Die Wurzel wird roh in Salate geraspelt oder als Gemüse gekocht.

Wie aus Holunderblüten, lässt sich auch aus den Blüten der Süßdolde ein Sirup zubereiten. **1,2 Liter abgekochtes Wasser** *in ein sauberes Gefäß gebe. Dann rühren Sie* **1,8 Kilo braunen Zucker,** *den Saft und die abgeriebene Schale von* **6 Biozitronen, 30 Milliliter Cidre** *und* **16 Blütenstände der Süßdolde** *ein. Alles 24 Stunden stehen lassen, danach abseihen und in eine gut verschließbare Flasche geben. Noch etwa 2 Wochen stehen lassen. Danach können Sie den Sirup mit Mineralwasser verdünnt trinken. Den Sirup am besten im Kühlschrank aufbewahren.*

Wissenswertes, Anekdoten

Die Pflanze stammt ursprünglich aus Südeuropa. Sie ist in unseren Breiten verwildert.

Im Garten gedeiht die Pflanze am besten in humusreichen Böden im Halbschatten. Sie bildet eine tiefe Pfahlwurzel. Um zu vermeiden, dass sie sich durch Selbstaussaat im Garten ungebremst vermehrt, kappt man die Samenstände spätestens bei der Reife.

In der Volksmedizin wird empfohlen, das Kraut bei Verdauungsbeschwerden und Husten als Tee zu trinken. Es soll den Appetit anregen und auch als ein Stärkungsmittel dienen.

Wald-Erdbeere *(Fragaria vesca)*

April bis Juni *10 bis 20 Zentimeter*

Grasbeere, Rotbeere, Flohbeere, Darmkraut, Rankbeere

Fundorte

Lichte Wälder, Gebüsch- und Wegränder, sonnige Böschungen, im Gebirge bis 2000 Meter Höhe.

Merkmale und Verwechslungsgefahr

Die Pflanzen verbreiten sich durch oberirdische Ausläufer. Berührt solch ein unbelaubter Trieb mit seiner Spitze den Boden, bilden sich Wurzeln, und es wächst eine neue Erdbeerpflanze heran. Typisch sind die gefiederten Blätter, die aus drei grob gezähnten, eiförmigen Einzelblättchen bestehen. Diese sind an der Unterseite seidig behaart. Die Pflanzen bilden einzelne Blüten mit jeweils fünf weißen Blütenblättern, die sich berühren. Dadurch unterscheiden sie sich vom sonst unbedenklichen Erdbeer-Fingerkraut *(Potentilla sterilis),* dessen Blätter an der Unterseite zudem heller sind als an der Oberseite.

Unterschieden werden muss auch die Knack-Erdbeere *(Fragaria viridis),* deren Früchte fade schmecken. Ihre Blätter sind an der Unterseite dicht silbrig behaart. Die Kelchblätter sitzen den gelblichen, seltener roten Beeren fest an. Zieht man sie ab, hört man einen knackenden Laut – daher der Name.

Was wird gesammelt?

Blätter, Blüten und Früchte.

Inhaltsstoffe und Geschmack

In den Blättern finden sich Gerbstoffe, Flavonoide, ätherische Öle und Salizylsäure. Die Früchte enthalten verschiedene Vitamine, viele Mineralstoffe wie Eisen, Kalium, Kalzium, Kupfer, Magnesium sowie Fruchtsäuren, Flavonoide und Phytosterine.

Verwendung

Die jungen, zarten Blätter können Salaten und Kräuterquark beigemischt werden.
Aus älteren und getrockneten Blättern lässt sich Tee zubereiten. Dieser schmeckt ähnlich wie grüner Tee. Auch die Blüten kann man dem Tee hinzufügen.
Unter Feinschmeckern gelten die Beeren der Wald-Erdbeere als die besten Erdbeeren überhaupt. Sie lassen sich frisch genießen, zu einer Sauce und zu Konfitüre verarbeiten.

Wissenswertes, Anekdoten

Der Gerbstoffgehalt der Blätter soll, so die Volksmedizin, in Form von Tee zum Beispiel gegen Entzündungen im Hals- und Rachenraum sowie bei Durchfallerkrankungen helfen. Letzterer Aspekt sorgte dafür, dass die Pflanze auch Darmkraut genannt wurde.
Der Name Flohbeere hat hingegen keine medizinische Bedeutung. Er bezieht sich vielmehr auf die winzigen Früchte, die äußerlich sichtbar im fleischigen Blütenboden der Sammelnussfrucht – so die botanisch korrekte Bezeichnung der Erdbeere – stecken.

Waldmeister *(Galium odoratum)*

April bis Mai *5 bis 30 Zentimeter*

Mösch, Gliederkraut, Waldmännlein, Maienkraut, Leberkraut, Herzensfreude, Maitrank

Fundorte

In Buchen- und Laubmischwäldern. Die Pflanze liebt humus- und mullreiche, nicht zu trockene Böden.

Merkmale und Verwechslungsgefahr

Typisch sind die Blattquirle aus sechs bis acht länglichen, spitz zulaufenden Blättern, von denen mehrere übereinander stehen. Die Blätter fühlen sich rau an. Am Ende der Triebe stehen die kleinen lockeren Blütenrispen. Reibt man Blätter zwischen den Fingern, entfaltet sich der typische Geruch von Cumarin. Leicht angetrocknet, duften die Pflanzen noch stärker.

Was wird gesammelt?

Blätter: Es werden die obersten Blattetagen von nicht blühenden Pflanzen gepflückt. Blüten.

Inhaltsstoffe und Geschmack

Bitterstoffe, ätherisches Öl. Die Blätter haben einen milden, fein würzigen Geschmack. Den unverwechselbaren Duft erzeugt das Cumarin, ein von der Zimtsäure abgeleiteter sekundärer Pflanzenstoff. Die grünen Blätter enthalten rund 1 Prozent davon.

Verwendung

Mit dem getrockneten Kraut werden Getränke aromatisiert, zum Beispiel die Waldmeisterbowle. Lässt man Waldmeister in Milch ziehen, entsteht ein aromatischer Ausgangsstoff, aus dem sich Pudding, Cremespeisen und Eis herstellen lassen.

Eine klassische Bowle ist leicht zu brauen: Lassen Sie 2 Bund Waldmeister *(jeweils circa 10 Stängel) über Nacht welken, denn erst dabei entfaltet das Kraut sein Aroma. Dann hängen Sie beide etwa eine halbe Stunde kopfüber mit den Schnittstellen außerhalb der Bowle in* 2 Liter trockenen Weißwein *und schmecken alles mit etwas* Zucker *und dem* Saft einer Limette *ab. Geben Sie nun gekühlten* Sekt *hinzu. Die alkoholfreie Variante ist nicht nur für Kinder interessant: Statt Weißwein in der Maibowle kann auch* Apfelsaft *oder* weißer Traubensaft, *statt Sekt auch* Mineralwasser *verwendet werden. Dazu schmecken Früchte wie Erdbeeren, Birnen oder Kiwi.*

Wissenswertes, Anekdoten

Cumarin hemmt die Blutgerinnung und kann Kopfschmerzen, Schwindel, Erbrechen, schlimmstenfalls Atemlähmung bewirken. Inzwischen belegen Langzeitstudien, dass Cumarin diese bösen Folgen nur bei ständigem und übermäßigem Verzehr verursacht. Wer also nicht jeden Tag literweise Waldmeisteraufgüsse trinkt, braucht keine Angst vor Nebenwirkungen zu haben.
Getrocknetes Kraut wird auch zu Tee aufgebrüht. In der Volksmedizin wird dieser bei Durchblutungsstörungen und Bauchkrämpfen verabreicht.

Wald-Sauerklee *(Oxalis acetosella)*

April bis Mai *5 bis 15 Zentimeter*

Kuckuckskraut, Hasensalat, Herrgottsbrot

Fundorte

In Laub- und Mischwäldern. Dort gedeiht die Pflanze noch im tiefen Schatten.

Merkmale und Verwechslungsgefahr

Die Blätter sind 3-zählig und kleeartig. Die weißen Blüten entstehen an langen Stielen. Sie sind violett geadert und am Grund gelb gefleckt.

Was wird gesammelt?

Blätter von April bis September sowie Blüten und Früchte.

Inhaltsstoffe und Geschmack

Oxalsäure und Vitamin C. Der Geschmack ist fein säuerlich und erinnert an den von Zitronen.

Aufgrund der Oxalsäure sollte die Pflanze nur in geringen Mengen gegessen werden (siehe Seite 235).

Verwendung

Die jungen Blätter schmecken erfrischend. Sie bereichern Salate, Saucen, Säfte, Quarkspeisen und Suppen. In Limonaden und Cocktails sind sie eine gute Alternative zu Limetten. Die hübschen Blüten können Salate und Soßen zieren. Die noch weichen Früchte werden im Mai gesammelt. Dann legt man sie wie Kapern in Essig ein.

Für einen Garnelen-Cocktail für 4 Personen hacken Sie **20 Gramm Sauerklee** *fein. Einige Blätter oder Blüten zum Verzieren zur Seite legen.* **50 Milliliter Sonnenblumenöl** *mit dem Sauerklee vermischen. Mit Salz und Pfeffer abschmecken,* **400 Gramm vorgekochte Garnelen** *ohne Schale untermengen. Blätter aus einem Salatherz in vier Gläser auslegen, die marinierten Garnelen darauf verteilen und mit Blättchen oder Blüten verzieren.*

Wissenswertes und Anekdoten

Botanisch gehört der Sauerklee nicht zu den Schmetterlingsblütlern wie etwa der Wiesen-Klee, sondern er bildet eine eigene Familie. Das zeigt sich vor allem anhand der unterschiedlichen Blütenformen. Die säuerlich schmeckenden Blätter wurden früher von Kindern und Jägern gegessen, um den Durst zu stillen. In der Volksmedizin galt die Pflanze als blutreinigend und wurde gegen Skorbut eingesetzt.

Wald-Ziest *(Stachys sylvatica)*

Juni bis September *30 bis 120 Zentimeter*

Waldnessel, Heckennessel, Stinkblatt, Stinkender Ziest, Bockskraut, Krötenbalsche

Fundorte

In Laub- und Auenwäldern, an Waldrändern, Wiesenwegen und Uferböschungen. Die Pflanze liebt feuchte, humusreiche Böden.

Merkmale und Verwechslungsgefahr

Die Pflanze bildet unterirdische Ausläufer und kommt daher meist in größeren Beständen vor. Ihre aufrechten, vierkantigen, behaarten Stängel tragen brennnesselartige, bis zu 6 Zentimeter breite Blätter. Blattstiele und Blätter sind ebenfalls behaart, die Blattränder sind gesägt. Aus den Blattachseln entspringen meist sechs Blüten an kurzen Stielen, die quirlartig angeordnet sind. Die gesamte Pflanze riecht streng.

Durch diesen speziellen Geruch lässt sich die Pflanze auch am besten von Taubnesseln und Brennnesseln unterscheiden, mit denen sie zumindest im nicht blühenden Zustand verwechselt werden kann. Ähnlich ist auch der Sumpf-Ziest *(Stachys palustris),* dessen Blätter nur bis 3 Zentimeter breit werden. Er verströmt kein ähnliches Aroma.

Was wird gesammelt?

Blätter vor der Blüte, Stängel und Wurzeln.

Inhaltsstoffe und Geschmack

Ätherisches Öl, Bitterstoffe und Gerbstoffe. Zerriebene Blätter verströmen ein Aroma, das an Steinpilze erinnert.

Verwendung

Die jungen gehackten Blätter bereichern Salate, Saucen und Suppen. Der untere Teil des Stängels kann im April wie Stangensellerie zubereitet werden. Dazu wird er geschält und in der Pfanne gedünstet. Im Winter lässt sich die Wurzel ausgraben und als Gemüse zubereiten.

Aufgrund des speziellen Aromas eignen sich die Blätter zum Würzen von Pilzgerichten. So verfeinern Sie zum Beispiel **400 Gramm Pfifferlinge** *mit einer Handvoll in Streifen geschnittener* **Wald-Ziestblätter.** *Zunächst würfeln Sie jedoch* **2 Schalotten** *und dünsten sie in* **Butter** *an. Dann geben Sie die Pfifferlinge und den Wald-Ziest hinzu. Abschließend schmecken Sie alles mit* **Salz** *und* **Pfeffer** *ab.*

Wissenswertes, Anekdoten

Die Naturheilkunde schreibt dem Wald- und Sumpf-Ziest krampflösende Eigenschaften zu.

Weiße Taubnessel *(Lamium album)*

April bis Oktober *15 bis 50 Zentimeter*

Weißes Taubenkröpfchen, Zahme Nessel, Bienensaug, Zuckerblume

Fundorte

An Weg- und Waldrändern, Feldrainen, Mauern, Gebüschen und auf Brachland. Die Pflanze liebt nährstoffreiche Böden und gilt als Stickstoffzeiger.

Merkmale und Verwechslungsgefahr

Auf den ersten Blick erscheint die Pflanze wie eine Brennnessel. Doch sie trägt keine Brennhaare, der Stängel ist vierkantig und in den Blattachseln entspringen hübsche weiße Lippenblüten.

Vor der Blüte kann die Pflanze mit anderen Taubnessel-Arten verwechselt werden. Das wäre jedoch nicht schlimm, da auch diese essbar sind.

Was wird gesammelt?

Blätter, Triebspitzen, Blüten, Wurzeln und Samen.

Inhaltsstoffe und Geschmack

Ätherisches Öl, Flavonoide, Saponine, Schleim- und Gerbstoffe sowie Mineralstoffe wie Kalium, Phosphor, Kalzium, Bor, Eisen, Magnesium, Kupfer, Zink und Schwefel. Blätter und Stiele schmecken herb-aromatisch. Das Aroma erinnert an Mais. Die Blüten schmecken süßlich.

Verwendung

Junge Triebspitzen und Blätter sind lecker in Salaten, Suppen und Gemüsegerichten.
Im Herbst können die Wurzeln auf gleiche Weise verwendet werden. Die Samen nutzt man im Winter zur Bereitung von Keimsprossen.
Die Blüten sind eine hübsche Dekoration. Getrocknet eignen sie sich zum Panieren von Geflügel und Fisch.

Von Ralf Hiener (siehe Seite 13) stammt das einfache Rezept für Spiegelei mit Rahmnesseln. Zuerst wird ein Nesselpüree hergestellt. Dazu blanchieren Sie **250 Gramm Brennnesselspitzen** *und* **150 Gramm Taubnesseln** *in Salzwasser und schrecken alles kalt ab. Gut ausgedrückt, schneiden Sie alles klein. Dann würfeln Sie* **2 Schalotten** *fein und schwitzen sie in* **Butter** *an. Anschließend geben Sie die gehackten Nesseln dazu, würzen alles und runden es mit* **200 Milliliter Sahne** *ab. Dazu werden Bratkartoffeln, Spiegeleier und gebratene Speckwürfel serviert.*

Wissenswertes, Anekdoten

Die Blüten ziehen vor allem Bienen sowie Hummeln an. Sie erreichen den tief in der Blüte verborgenen Nektar nur, wenn sie einen langen Rüssel besitzen. Arten mit einem kurzen Rüssel sind dazu übergegangen, die lange Blütenröhre hinten anzuknabbern, um so an den Nektar zu gelangen.
Das Kraut wird getrocknet und dann als Tee gereicht. Die Volksmedizin schreibt dem Tee eine entzündungshemmende, verdauungsfördernde und harntreibende Wirkung zu.

Wiese und Grasland

Echter Beinwell *(Symphytum officinale)*

Mai bis September *30 bis 120 Zentimeter*

Beinbruchwurz, Heilwurz, Soldatenwurz, Wundwurz, Wilder Comfrey

Fundorte

Feuchte Wiesen, Wegränder, Bachufer, Waldlichtungen. Die Pflanzen mögen frische Lehmböden und vertragen leichten Schatten. Im Garten pflanzt man Beinwell am besten unter Obstbäume oder in die Nähe von Sträuchern, nicht aber in sonnige Kräuterbeete.

Merkmale und Verwechslungsgefahr

Beinwell gehört zu den Raublattgewächsen. Man erkennt ihn leicht an den borstig-behaarten Blättern. Sie sind schmal zungenförmig, werden bis zu 40 Zentimeter lang, und die oberen Blätter haften ohne Stiel dem Stängel an. Dieser verzweigt sich schon unmittelbar über dem Boden und ist auch behaart. Die Blüten hängen und stehen in Trauben zusammen. Sie können weißlich, bläulich oder rötlich-violett gefärbt sein. Eine Verwechslungsmöglichkeit besteht mit anderen Raublattgewächsen wie etwa dem Acker-Krummhals *(Anchusa arvensi),* dessen Blüten jedoch himmelblau sind und aufrecht stehen.

Gefährlich wäre die Verwechslung mit dem giftigen Roten Fingerhut (Digitalis purpurea), *dessen Blätter sich jedoch flaumig weich anfühlen.*

Was wird gesammelt?

Junge und ältere Blätter sowie junge Stängel und die dicken fleischigen Wurzeln.

Inhaltsstoffe und Geschmack

Die Pflanzen enthalten hochwertige Proteine, Vitamine, Schleim- und Gerbstoffe sowie Allantoin. Blätter und Wurzeln enthalten in geringer Konzentrationen auch giftige Pyrrolizidinalkaloide. Diese Pflanzenteile sollte man daher nicht in großen Mengen verspeisen.

Verwendung

Junge Blätter werden roh in einen Salat geschnitten. Ältere Blätter sollte man dünsten. Auch die Triebe sind essbar.

Für mit Ziegenkäse gefüllte Beinwellblätter 12 mittelgroße Blätter *waschen, vom Stiel befreien und kurz in Salzwasser blanchieren. Kalt abschrecken und trocken tupfen. Von 8 Blättern die Spitzen und den unteren Teil ca. 2 Zentimeter breit abschneiden. Die Abschnitte zusammen mit den 4 anderen Blättern fein hacken.* 350 Gramm Ziegenfrischkäse *mit etwas* Milch *schaumig rühren und mit* Salz *und* Pfeffer *abschmecken. Anschließend* 1 mittelgroße Zwiebel *klein hacken, blanchieren und zusammen mit den gehackten Beinwellblätter unter den Ziegenkäse heben. Mindestens eine halbe Stunde im Kühlschrank kühl stellen. Dann die Beinwellblätter mit der Innenseite nach oben hinlegen. Die Frischkäsemasse gleichmäßig auf die Blätter verteilen. Diese dann von der breiten Seite her einrollen und servieren.*

Wissenswertes, Anekdoten

Die Fähigkeit zu heilen wird vor allem den fleischigen Wurzeln nachgesagt. Sie enthalten Schleim- und Gerbstoffe, Glykoside, Stärke, Inulin, Asparagin und Allantoin. In der Volksmedizin legte man frische, geriebene Wurzeln auf Wunden, Verbrennungen und Knochenbrüche.

Gänseblümchen *(Bellis perennis)*

Februar bis Dezember *5 bis 10 Zentimeter*

Maßliebchen, Gichtkraut, Marienblümchen, Tausendschön

Fundorte

Auf Wiesen, Weiden und Rasenflächen. Man findet es vor allem dort, wo regelmäßig gemäht wird. Anderenfalls werden Gänseblümchen von höheren Pflanzen buchstäblich „in den Schatten" gestellt und allmählich verdrängt.

Merkmale und Verwechslungsgefahr

Aus kleinen Blattrosetten mit spatelförmigen, leicht gezähnten Blättern erheben sich fein behaarte Stängel mit jeweils einer Blüte. Die weißen, manchmal rosa gefärbten Blüten schließen sich abends und bei Regen.

Was wird gesammelt?

Blätter, Blüten, Knospen. Die Blüten überstehen Temperaturen bis zu minus 15 Grad. Mit Glück findet man sie daher sogar im Winter.

Inhaltsstoffe und Geschmack

Saponine, Flavonoide, organische Säuren, Vitamin C sowie Schleim-, Gerb- und Bitterstoffe. Der Geschmack der Blätter ähnelt dem von Feldsalat. Er wird als leicht nussig und mild pfefferig beschrieben.

Verwendung

Die zarten Blätter und die Blüten können Salaten beigemischt und dort zu einem wesentlichen Bestandteil werden. Sie lassen sich auch in Suppen, zu Spinat und Kräuterquark verarbeiten. Blütenknospen werden wie Kapern in Essig eingelegt, am besten in einem kleinen Schraubglas.

Raffinierter Serviervorschlag: Der Klassiker Melone mit Parmaschinken wird durch Gänseblümchen und Löwenzahn verfeinert. Dazu schälen Sie mit einem Kugelausstecher Stücke aus 1 Honigmelone *und halbieren diese Bällchen. Dann spießen Sie auf einen Zahnstocher* 1 Gänseblümchenblüte, ein halbes Löwenzahnblatt *und zuunterst eine 2 Zentimeter breite, mehrfach aufgefaltete Scheibe* Parmaschinken. *Zuletzt wird der kleine Spieß von oben in das halbierte Melonenkügelchen gesteckt. Aus* 3 Esslöffeln Limettensaft, 2 Esslöffeln Rapsöl *sowie* Salz *und* Pfeffer *eine Marinade anrühren und diese darüberträufeln – fertig ist das Fingerfood.*

Wissenswertes, Anekdoten

Früher galten die ersten drei Gänseblümchen, die man im Frühjahr fand, als besonders wirksam: Wenn man sie aß, bekam man angeblich unter anderem den ganzen Sommer über keinen Durst.
Der Name Maßliebchen geht wahrscheinlich auf die Bedeutung „der Jungfrau Maria lieb" zurück. Man findet die Blume jedenfalls auf vielen mittelalterlichen Bildern. Das Weiß der Blüten symbolisierte die Unschuld des Christuskindes und die Keuschheit der Mutter Maria. Vereinzelt rot blühende Exemplare werden mit dem Blut jeweils der Mutter oder des Kindes erklärt: Sie hätten sich verletzt und ein Blutstropfen sei dabei auf eine Blüte getropft.
In der Volksmedizin findet die Pflanze Anwendung gegen Hautkrankheiten und Leberleiden.

Gewöhnlicher Frauenmantel

(Alchemilla vulgaris oder *Alchemilla xanthochlora)*

Mai bis September *10 bis 50 Zentimeter*

Mariamantala, Löwentapen, Taubecherl, Wundwurz, Mutterkraut, Allerfrauenheil, Sindau

Fundorte

Auf Wiesen, an Gräben und Wegen sowie in Wäldern. Im Garten bevorzugt die Art einen frischen bis feuchten Boden. Sie kommt aber auch mit leichtem Schatten zurecht.

Merkmale und Verwechslungsgefahr

Die Grundblätter bilden eine Rosette. Sie sind halbkreisförmig, gelappt, am Rand gezähnt und mehr oder weniger behaart. Stängel und Blütenstand können ebenfalls behaart sein. Sie tragen kleine, knäuelartige Blüten, die zu mehreren in einer Rispe zusammenstehen. Die Art variiert etwas in Form und Aussehen. Verwechslungen kann es nur mit anderen mitteleuropäischen Alchemilla-Arten geben. Sie sind jedoch alle genießbar.

Was wird gesammelt?

Die jungen Blätter und Blütenstände. Für Tee wird das blühende Kraut abgeschnitten und zum Trocknen aufgehängt.

Inhaltsstoffe und Geschmack

Gerbstoffe, Flavonoide, Karotinoide, Phytosterine, Bitterstoffe, Saponine, Glykoside und Mineralstoffe wie Eisen, Kalium, Kalzium, Kieselsäure und Magnesium. In den Blüten finden sich zudem ätherische Öle.

Verwendung

Die jungen Blätter lassen sich gut zu Salaten und als Gemüse zubereiten. Größere Blätter schmecken im Auflauf lecker, wo sie anstelle von Spinat verwendet werden können.
Für Tee dosiert man einen Teelöffel getrocknetes Kraut pro Tasse und lässt es sieben Minuten lang ziehen.

Wissenswertes, Anekdoten

Der Name Frauenmantel bezieht sich auf die Blattform, die an Mäntel auf Marienbildern erinnert. Die von alters her bekannte Heilpflanze wirkt entzündungshemmend und schmerzlindernd. Vor allem findet sie in der Frauenheilkunde Anwendung.
An den Blättern haften häufig winzige Wassertropfen. Früher ging man davon aus, es sei Tau, der sich dort sammelt. Darauf bezieht sich der mittelhochdeutsche Name Sindau, was so viel heißt wie „immer Tau“. Heute weiß man, dass die Blätter diese Flüssigkeit ausscheiden, wenn die Feuchtigkeit der Luft hoch ist.
Die Alchemisten glaubten, sie könnten mithilfe der schillernden Tropfen Gold herstellen. Der botanische Name *Alchemilla* heißt übersetzt „kleine Alchemistin“. Im Garten findet man vor allem die Frauenmantel-Art *Alchemilla mollis.* Ihr werden jedoch keine Heilwirkungen zugeschrieben.
Zum Färben von Stoffen werden die Blätter vor der Blüte gesammelt, getrocknet, klein gehackt und mindestens eine Stunde lang ausgekocht. Sie ergeben einen gelbgrünen Farbton.

Gundermann *(Glechoma hederacea)*

März bis Juni *5 bis 20 Zentimeter*

Gundelrebe, Taubenschnäbel, Heilrebe, Pisskräutchen, Magentrost, Suppenkraut, Soldatenpetersilie

Fundorte

Auf Wiesen, Rasenflächen, an Gebüschrändern, Uferböschungen und in Wäldern. Die dauerhaften Pflanzen vertragen Schatten.

Merkmale und Verwechslungsgefahr

Typisch ist der vierkantige Stängel der über weite Strecken am Boden kriechenden Pflanze. An den Knoten werden immer wieder Wurzeln gebildet. Die am Rand gekerbten Blätter sind nieren- bis herzförmig. Sie duften würzig. Die blütentragenden Stängel richten sich auf. Der Gundermann gehört zu den Lippenblütlern. Die Blüten sitzen in den Blattachseln. Die Unterlippe der Blütenkrone trägt purpurfarbene Flecken, und sie ist länger als die Oberlippe. Die Pflanze ist auch im Winter belaubt. Ihre Blätter sind dann teils rötlich gefärbt.

Eine Verwechslung ist mit der Kleinen Braunelle *(Brunella vulgaris)* möglich, die jedoch ebenfalls als Salat gegessen werden kann. Ihre Blätter sind ganzrandig und duften nicht.

Was wird gesammelt?

Blätter, Blüten und Triebspitzen.

Inhaltsstoffe und Geschmack

Bitterstoffe, Gerbstoffe, ätherische Öle, Saponine, Cholin, Vitamin C und Kalium. Der Geschmack erinnert aufgrund der ätherischen Öle an Minze.

Verwendung

Junge Blätter, Blüten und Triebspitzen können Salaten, Suppen, Kräuterquark und Omeletts beigemischt werden. Zum Würzen von Speisen kann man Gundermann wie Salbei, Minze und Thymian verwenden. Außerdem eignet er sich für Bitter-Limonaden.

Die Köchin Claudia Seifert hat eine erfrischende Gundermann-Giersch-Limonade entwickelt. Dazu brauchen Sie: **3 Bio-Zitronen, 1 Stück Ingwer** *(etwa 2 Zentimeter dick),* **300 Gramm Zucker,** *jeweils* **10 Gramm Gundermann** *und* **Giersch.** *Die Schale einer Zitrone mit einem Sparschäler dünn abschälen, alle Zitronen halbieren, den Saft auspressen und mit dem in Scheiben geschnittenen Ingwer sowie dem Zucker in* **250 Milliliter Wasser** *etwa 15 Minuten lang bei mittlerer Hitze ohne Deckel zu einem Sirup einkochen lassen. Den heißen Sirup gießen Sie dann durch ein Sieb auf die Kräuter und lassen alles über Nacht durchziehen. Der fertige Sirup wird mit Mineralwasser verdünnt zum erfrischenden Getränk. Er lässt sich auch mit Sekt oder Prosecco als Bowle servieren.*

Wissenswertes, Anekdoten

In dem Namen Gundermann steckt wahrscheinlich das althochdeutsche Wort „Gund" für Eiter, Beule, Geschwür. Es ist ein Hinweis auf die Verwendung in der Volksmedizin zur Behandlung von Wunden. Der Pflanze werden auch harntreibende und den Magen beruhigende Wirkungen nachgesagt.

Löwenzahn *(Taraxacum officinale)*

März bis November *5 bis 50 Zentimeter*

Zackenblume, Ochsenauge, Pfannkuchenrose, Pfaffenröhrl, Mönchskopf, Pfaffenkron, Saurüssel, Butterblume, Milchblume, Teufelsblume, Sonnenwirbel, Maiblume, Webblume, Bettseicher, Augenwurzel, Grindbusch, Salatblume, Nadelpolster, Kettenblume, Pusteblume

Fundorte

Auf Wiesen, Äckern, Weiden, Ödland, Schuttplätzen und an Wegen. Die Pflanze bevorzugt nährstoffreichen Boden.

Merkmale und Verwechslungsgefahr

Die Pflanze führt einen weißen Milchsaft. Die Blätter bilden eine Grundrosette. Häufig sind die Blätter stark gelappt und gezähnt. Ihre Form variiert jedoch sehr stark. Die Blätter können aber auch wenig gelappt oder ganzrandig sein. Sie tragen jedoch niemals Haare. Darin unterscheidet sich der Löwenzahn vor der Blüte von anderen milchsaftführenden Pflanzen mit ähnlichen Blättern. Typisch ist auch der unverzweigte, hohle Blütenstängel. Die Pfahlwurzel reicht tief in den Boden hinein.

Was wird gesammelt?
Blätter, Blüten, Blütenknospen, Wurzeln.

Inhaltsstoffe und Geschmack
Bitterstoffe (im Herbst weniger als im Frühjahr), Triterpene, Phytosterole, Flavonoide, Cumarine, Karotinoide, in den Wurzeln das Kohlenhydrat Inulin (vor allem im Herbst), Schleimstoffe, Zucker, Vitamin C und Mineralstoffe. Der bittere Geschmack erinnert an Chicorée und Radicchio.

Verwendung
Die jungen zarten Blätter eignen sich gut für Salate. Es gibt zwei Möglichkeiten, die Bitterstoffe zu reduzieren: Zum einen kann man die Blätter vor dem Verzehr eine Stunde lang in Wasser legen. Das spült aber auch andere, heilsame Inhaltsstoffe aus. Zum anderen kann man die Blätter, bevor man sie erntet, bleichen. Dazu wird die Blattrosette zusammengebunden und darüber wird anschließend für einige Tage ein Topf gestülpt, um das Licht fernzuhalten. Die Löwenzahnblüten sind weniger bitter, wenn man die grünen Kelchblätter entfernt. Aus ihnen lassen sich Gelees, Chutneys, Sirup und Wein herstellen. Im Herbst, wenn die Wurzeln nicht so bitter sind, lassen sich diese auch als Gemüse zubereiten.

Für ein Löwenzahngelee **500 Gramm Löwenzahnblüten** *waschen,* **4 Bio-Zitronen** *und* **1 Bio-Orange** *vierteln. Alles zusammen in einem großen Topf mit* **1,5 Liter Wasser** *eine Stunde lang köcheln lassen. Anschließend durch ein großes Sieb gießen,* **1 Kilo Gelierzucker** *(2:1) unterrühren und nochmals etwa 5 Minuten köcheln lassen. Das Gelee heiß in Gläser füllen. Die Gläser fest verschließen und kurz auf den Kopf drehen. Der entstehende Unterdruck saugt die Deckel fest an.*

Wissenswertes, Anekdoten
Pissenlit, zu Deutsch Bettnässer, heißt Löwenzahn bei den Franzosen. Das muss gar nicht negativ gemeint sein. In der Volksmedizin wird die harntreibende, „entwässernde" Wirkung des Löwenzahns sehr geschätzt. In Frankreich wird Löwenzahn sogar als feines Gemüse angebaut und ist dort eine besondere Delikatesse. Früher wurden die Löwenzahnwurzeln getrocknet, geröstet und als Kaffee-Ersatz verwendet – besonders in schlechten Zeiten.

Pastinak *(Pastinaca sativa)*

Juni bis September *30 bis 120 Zentimeter*

Hirtzkraut, Weiße Möhren, Rauher Giersch, Wilder Dill, Bockwurzn

Fundorte

Auf Wiesen, Brachland, an Wegen und in Steinbrüchen.

Merkmale und Verwechslungsgefahr

Der Stängel ist behaart und kantig gefurcht. Die Blätter sind einfach gefiedert, mit bis zu sieben Fiederpaaren. Jedes Fiederblättchen ist eiförmig und grob gesägt. Die Stängelblätter bestehen oft nur aus einer Blattscheide und verkümmerten Blättchen. Den gelben Blüten in der stattlichen Dolde fehlen meist die Hüllblätter.

Eine Verwechslung ist mit dem Wilden Engelwurz (Angelica sylvestris) ***denkbar, dessen Blüten jedoch weiß bis rötlich gefärbt und dessen Blätter mehrfach gefiedert sind. Ähnlich ist auch der Wiesen-Bärenklau*** (Heracleum sphondylium), ***der ebenfalls weiß blüht, dessen Blätter gelappt und nicht gefiedert sind. Beide Arten sind mit Vorsicht zu genießen. Einerseits zählen auch sie zu***

den Heilpflanzen. Andererseits kann ein Kontakt zu einer überempfindlichen Reaktion der Haut führen (siehe Seite 234). Das gilt auch für den Pastinak.

Was wird gesammelt?

Blätter, Triebspitzen, Stängel, Wurzeln und Samen.

Inhaltsstoffe und Geschmack

Ätherisches Öl, Inulin, Alkaloide, Furocumarine (sie können empfindliche Hautreaktionen auslösen), Mineralstoffe, fettes Öl und die Vitamine A und C sowie die B-Gruppen. Die Pflanze duftet nach Koriander und schmeckt nach Kokosnuss.

Verwendung

Junge Blätter und Triebspitzen sind eine leckere Zutat zu Salaten und Gemüsegerichten. Die Wurzeln werden wie Möhren angerichtet. Die Samen werden als kümmelartiges Gewürz verwendet. Mit dem getrockneten Kraut lassen sich süße Cremes würzen.

Jean-Marie Dumaine (siehe Seite 12) hat einen köstlichen Pastinaken-Kokos-Schaum kreiert: Nehmen Sie **100 Gramm geriebene Kokosnuss, 300 Milliliter Kokosmilch, 150 Milliliter Sahne, 80 Gramm Rohrzucker, 20 Gramm getrocknetes Pastinakenkraut** *und geben Sie alles in einen Topf, kurz aufkochen lassen und dann mit einem Pürierstab mixen. Zum Schluss geben Sie* **1 Blatt Gelatine** *hinzu, das zuvor kurz in kaltem Wasser eingeweicht wurde. Schaumig wird das Ganze in einem sogenannten Sahnebereiter, einer Edelstahlflasche, die unter Druck gesetzt werden kann. Wer darauf verzichtet, hat eben „nur" eine Creme.*

Wissenswertes, Anekdoten

Der Pastinak ist mit der Möhre verwandt. Bei der Ernte sollte man am besten Handschuhe tragen, um unangenehme Hautreaktionen zu vermeiden.
Auf den Märkten werden auch vom Gärtner kultivierte Pastinaken als Wurzelgemüse angeboten. Diese Wurzeln sind nicht so faserig wie die der wild wachsenden Form.
Im Mittelalter gehörten in unseren Breiten Pastinaken in jeden Kochtopf. Sie wurden später von den Kartoffeln verdrängt.

Rapunzel-Glockenblume

(Campanula rapunculus)

Juni bis August *50 bis 80 Zentimeter*

Wiesenschelle, Schlotterhose, Himmelsblume, Wetterblume, Rapunzel

Fundorte

Auf trockenen Wiesen, Halbtrockenrasen, Äckern, an Hecken, Gebüschen und Waldrändern. Die Pflanzen vertragen leichten Schatten und stellen an den Boden keine großen Ansprüche.

Merkmale und Verwechslungsgefahr

Die Pflanzen haben einen rübenförmigen Wurzelstock. Die Blätter sind schmal, länglich und am Rand leicht gewellt. Die grünen Kelchblätter, die die blauviolette, etwa 2 Zentimeter hohe Krone einfassen, sind länger als die halbe Krone.
Es ist auf den ersten Blick nicht immer einfach, sie von anderen Glockenblumen zu unterscheiden. Das ist aber nicht schlimm, da alle mitteleuropäischen Arten ebenfalls essbar sind. So findet insbesondere auch die Wiesenglockenblume *(Campanula patula)* Verwendung in der Küche.

Was wird gesammelt?

Blätter, junge Sprosse, Blüten und Wurzeln.

Inhaltsstoffe und Geschmack

Inulin, Gerbstoff und Vitamin C. Das Grün schmeckt etwas nach Erbsen, die Blüten nach Veilchen.

Verwendung

Die Blätter eignen sich als Teil eines Salates, der mit den ebenfalls essbaren Blüten dekoriert werden kann. Auch die jungen Sprossen sind salattauglich, oder sie werden als Gemüse gedünstet. Die Wurzel kann frisch verwendet oder gekocht werden.
Jean-Marie Dumaine (siehe Seite 12) empfiehlt, aus den Wurzeln einen Brotaufstrich zuzubereiten. Dazu hackt man die Wurzeln fein und verrührt sie mit weicher Butter.

Auch sein Glockenblumen-Cocktail ist ausgesprochen schmackhaft. Dazu zerstoßen Sie **50 Gramm Eis** *und geben Folgendes hinzu:* **250 Gramm passierte Tomaten, 250 Milliliter Möhrensaft, 50 Gramm Glockenblumenwurzeln, 25 Gramm Glockenblumenkraut,** *dazu* **1 Teelöffel Gierschwurzel,** *klein geschnittene* **Rucolastängel, Sauerklee, Thymianblätter** *und* **1 Teelöffel Meersalz** *sowie* **1 Prise Chili.** *Pürieren Sie alles fein und füllen Sie die Mischung in Cocktailgläser. Abschließend können Sie diesen Cocktail mit einigen Glockenblumenblüten verzieren.*

Wissenswertes, Anekdoten

Der volkstümliche Name Rapunzel geht auf das lateinische Wort „rapum" zurück. Es bedeutet Rübe und bezieht sich auf die rübenartige Wurzel der Pflanze, die schon seit Jahrhunderten als Gemüse genutzt wird.
Übrigens: Dem Märchen „Rapunzel" der Gebrüder Grimm liegt nicht die Rapunzel-Glockenblume zugrunde, sondern der Gewöhnliche Feldsalat *(Valerianella locusta).*

Wiesen-Bärenklau

(Heracleum sphondylium)

Juni bis September *50 bis 150 Zentimeter*

Kümmelstengel, Flöteblum, Sensenteufel

Fundorte

Auf nährstoffreichen Wiesen und am Waldrand. Wächst meist in voller Sonne, verträgt aber auch leichten Schatten.

Merkmale und Verwechslungsgefahr

Der kantig gefurchte Stängel ist borstig behaart, ebenso wie die Blätter. Diese sind teils fiederteilig, teils gelappt, zur Blüte hin weniger geteilt und am Rand grob gezähnt. An den Blattachseln sind bauchige Ausstülpungen, sogenannte Blattscheiden, zu sehen. Die weißen Blütendolden bestehen aus 15 bis 30 Strahlen. Ähnlich ist der ebenfalls essbare Gewöhnliche Wald-Engelwurz (*Angelica sylvestris,* siehe Seite 158), den jedoch glatte, unbehaarte Pflanzenteile auszeichnen.

Was wird gesammelt?

Die jungen Blätter von April bis Mai, die Stängel und Blüten von Mai bis August, die grünen Früchte.

Inhaltsstoffe und Geschmack

Bitterstoffe, Beta-Carotin, Eisen, Kalium, Magnesium, Calcium sowie Vitamin C. Zudem ätherische Öle mit Furocumarinen. Sie sind verantwortlich für mögliche Hautreizungen. Geschmacklich erinnern die Pflanzen an süße Möhren und Sellerie.

Beim Ernten der Pflanzen Handschuhe tragen. Der Pflanzensaft kann bei empfindlichen Menschen auf der Haut in Verbindung mit Sonnenlicht zu phototoxischen Reaktionen führen.

Verwendung

Die mineralreiche Pflanze lässt sich vielseitig zu Gemüse verarbeiten: die jungen Blätter zu Salat und zu Suppen. Die geschälten Stängel sind saftig und dank ihres süßen Aromas roh eine Delikatesse; die Blütenknospen schmecken roh in Salaten gemischt und gedünstet als Gemüse. Die Wurzel kann man wie Möhren zubereiten. Jean-Marie Dumaine empfiehlt, aus den grünen Früchten mit ihrem feinen Citrus-Aroma ein Sorbet herzustellen. Dazu die Früchte pürieren, mit Zucker, Zitronensaft, Mineralwasser und etwas Pektin verrühren und gefrieren lassen.

Für einen Bärenklau-Kartoffel-Gratin waschen Sie **500 Gramm Blätter** *und hacken sie mit den Stängelansätzen grob. Etwa 20 Minuten in Wasser kochen und abtropfen lassen.* **500 Gramm festkochende Kartoffeln** *kochen, schälen und in Scheiben schneiden.* **3 Zwiebeln** *hacken. Jeweils eine Schicht Zwiebeln, Kartoffeln, Bärenklau-Blätter und* **Creme fraiche** *(200 Gramm) in eine Auflaufform geben. Das Ganze mit* **150 Gramm würzigen Hartkäse** *bestreuen (z. B. Greyerzer). Darüber* **50 Gramm Paniermehl** *und* **50 Gramm Butter** *in Flocken verteilen. Abschließend* **200 Milliliter trockenen Weißwein** *dazu gießen, sodass alle Schichten bedeckt sind. Das Gratin im vorgeheizten Ofen etwa 30 Minuten bei 200 Grad backen.*

Wissenswertes und Anekdoten

Die botanische Bezeichnung *Heracleum* ist in Anlehnung an den griechischen Helden Herakles gewählt und würdigt die imposante Gestalt der Pflanze. Andere Bärenklau-Arten werden bis zu drei Meter hoch. Die Wurzeln des Bärenklaus enthalten ein ätherisches Öl, das anregend und blutdrucksenkend wirken soll.

Wiesen-Bocksbart

(Tragopogon pratensis)

Mai bis Juli *30 bis 70 Zentimeter*

Milchblume, Zuckerblume, Süßling

Fundorte

Auf nährstoffreichen Wiesen, an Wegrändern und auf Halbtrockenrasen.

Merkmale und Verwechslungsgefahr

Vor dem Blühen sind die Pflanzen kaum von Gräsern zu unterscheiden, denn die graugrünen Blattbüschel sind lang und schmal. Pflückt man allerdings ein Stück davon ab, tritt Milchsaft aus, der sich in der ganzen Pflanze einschließlich der Wurzeln findet.

Der Wiesen-Bocksbart entwickelt sich gewöhnlich zweijährig. Im ersten Jahr wachsen die Blätter sowie eine kräftige Pfahlwurzel, im zweiten dann Stängel und Blüten. Die Blütenstängel werden von den Blättern halb umfasst. Am Ende der aufrechten Stängel bildet sich je ein Blütenkopf, der von meist acht Hüllblättern umgeben ist. Diese unterscheiden den Bocksbart auch von der Schwarzwurzel *(Scorzonera hispanica)*, die mehrere Reihen kurzer, schuppenartiger

Hüllblätter besitzt. Der Große Bocksbart *(Tragopogon dubius)* hat dagegen zehn bis zwölf Hüllblätter. Zudem verdickt sich sein Stiel unterhalb der Blüte. Beide Arten sind ebenfalls essbar.

Was wird gesammelt?

Die jungen Blätter sowie die Blütenknospen mit Stängeln, die als Delikatesse gelten. Die Wurzeln bis zur Blütezeit der Pflanze, danach werden sie holzig.

Inhaltsstoffe und Geschmack

Das Kohlenhydrat Inulin, Lipide, Schleimstoffe und Bitterstoffe. Die Blätter haben einen milden, fein würzigen Geschmack. Die Blütenknospen schmecken leicht süßlich und erinnern an Spargel. Die Wurzeln, die Stärke und Inulin enthalten, schmecken ähnlich wie Schwarzwurzeln.

Verwendung

Blätter und Blütentriebe können roh Salaten beigegeben, als Wildkräutersuppen oder wie Spinat zubereitet werden. Die zarten Wurzeln lassen sich klein gehackt auch in Salate mischen oder als Gemüse kochen.

Zu einer Delikatesse werden die **Blütentriebe**, *wenn Sie diese wie Spargel leicht dämpfen sowie mit einigen Tropfen* **Olivenöl** *und* **Meersalz** *servieren.*

Wissenswertes, Anekdoten

Der Name bezieht sich auf die Haare der reifen Früchte, die wie ein Bart aus den Hüllblättern herausragen. Der botanische Name stammt aus dem Altgriechischen und heißt übersetzt ebenfalls Bocksbart (zusammengesetz aus den Wörtern tragos = Bock und pogon = Bart).
Die Blüten der Pflanze öffnen sich nur an sonnigen Tagen, und zwar vom Vormittag bis zum frühen Nachmittag.

Wiesen-Klee *(Trifolium pratense)*

Juni bis September *10 bis 50 Zentimeter*

Rotklee, Kopfklee, Honigblume, Zuckerbrot, Herrgottsbrot, Johannisbrod, Kuhklee

Fundorte

Auf Wiesen, Weiden, Halbtrockenrasen und an Wegrändern.

Merkmale und Verwechslungsgefahr

Die typischen dreiteiligen Kleeblätter sind häufig hellgrün oder weinrot gezeichnet oder gefleckt. Außerdem ist ihr Rand weder gezähnt noch gekerbt, sondern glatt. Die kugeligen Blütenköpfe duften süßlich. Die Pflanze besitzt eine tiefreichende Pfahlwurzel.

Vor der Blüte ist der Wiesen-Klee nicht so leicht von anderen Kleearten, zum Beispiel Weiß-Klee *(Trifolium repens)*, zu unterscheiden. Da auch diese Art genießbar ist, wäre eine Verwechslung unproblematisch.

Wald-Sauerklee *(Oxalis acetosella)* hat lediglich wegen seiner „Klee"-Blätter diese Bezeichnung erhalten, gehört jedoch nicht in die nähere Verwandtschaft des Wiesen-Klees und ist aber ebenfalls genießbar.

Was wird gesammelt?
Triebe, Blätter, Blüten und Samen. Die Blütenstände halten in der Mittagszeit viel Nektar bereit und schmecken dann besonders süß.

Inhaltsstoffe und Geschmack
Gerbstoffe, Cumarin, ätherisches Öl, Isoflavone und Harz. Der Geschmack erinnert etwas an das Aroma von Erbsen.

Verwendung
Die zarten Triebe und Blätter können roh Bestandteil von Salaten und Suppen sein.
Gedünstet werden sie Gemüse und Spinat beigegeben. Klein gehackt kommen sie in Kräuterquark und Käse.
Die Blüten kann man unmittelbar von der Wiese naschen, zum Dekorieren von Salaten nutzen und auf Butterbrot streuen. Sie werden auch getrocknet und dann als Tee verwendet.
Die Samen lässt man im Keimapparat sprießen, um sie frisch als Sprossen zu genießen.

Für eine Klee-Kohlrabi-Suppe **25 Gramm Kleeblätter** *und* **Blüten** *waschen, trocknen und klein schneiden.* **1 Kohlrabi** *(400 Gramm) schälen und in kleine Würfel schneiden.* **1 Esslöffel Butter** *in einem Topf auslassen und die Kohlrabiwürfel darin 5 Minuten dünsten.* **1 Esslöffel Mehl** *hinein streuen und 1 Minute unter Rühren anschwitzen.* **500 Milliliter Wasser** *zum Kochen bringen, hinzufügen und Instant-Gemüsebrühe einrühren. Das Ganze etwa 20 Minute köcheln lassen. Mit* **Salz, Pfeffer** *und* **Muskat** *abschmecken. Die halbe Kleemenge untermengen, die Suppe auf Teller verteilen und den restlichen Klee darüber streuen.*

Wissenswertes, Anekdoten
Ursprünglich wurde der Wiesen-Klee als eiweißreiche Futterpflanze angebaut. So ist er allmählich verwildert.
Von seinen Blüten werden vor allem Hummeln angezogen, die einen langen Rüssel besitzen. Denn der süße Nektar befindet sich am Ende einer circa einen Zentimeter langen Röhre. Erdhummeln, deren Rüssel gewöhnlich nicht lang genug ist, beißen dagegen Löcher in die Röhre, um an den Nektar zu kommen. Diese Schlupflöcher werden auch von Bienen zum Naschen genutzt, die bei ihrer Suche nach Pollen ebenfalls beim Wiesen-Klee haltmachen.

Wiesenknopf *(Sanguisorba minor)*

Mai bis Juni *20 bis 70 Zentimeter*

Pimpernell, Bibernelle, Salatpimpinelle, Trommelschlägel, Nagelkraut, Schwarze Petersilie

Fundorte

In Trockenrasen und trockenen Gebüschsäumen.

Merkmale und Verwechslungsgefahr

Typisch sind die gefiederten Blätter mit einer Vielzahl ovaler Teilblättchen, die am Rand grob gezähnt sind. Die Blätter bilden eine Grundrosette, aus der die nur am Ende etwas verzweigten Stängel emporwachsen, die an ihrer Spitze knäuelige Blütenstände tragen.

Was wird gesammelt?

Blätter, Triebspitzen und Blütenstände.

Inhaltsstoffe und Geschmack

Gerbstoffe, Saponine, Flavonoide, Triterpen, Glykoside, Mineralstoffe und Vitamin C. Der Geschmack erinnert etwas an frische Walnüsse.

Verwendung

Bevor die Petersilie verbreitet war, nutzten die Menschen die Blätter des Wiesenknopfs, um ihre Speisen zu würzen. Noch immer ist er aber eine leckere Zutat zu Salaten, Suppen und Saucen. Er sollte jedoch erst zum Schluss frisch untergemischt werden, da sich sein Aroma beim Kochen schnell verliert. Die Teilblätter werden am besten von der harten Mittelrippe abgezupft. Die getrockneten Blätter eignen sich für Tees.

Jean-Marie Dumaine (siehe Seite 12) hat eine Grüne Wildkräutersauce entwickelt: **200 Gramm Wildkräuter** *(z. B. Wiesenknopf, Giersch, Beinwell, Gundermann, Beifuß, Sauerampfer oder andere) und* **Schnittlauch** *werden klein gehackt. Damit verrührt werden* **3 Eigelb, 1 Esslöffel Senf, 2 Esslöffel Zitronensaft, ein halber Liter Sonnenblumenöl, 200 Gramm geschlagene Sahne** *sowie* **Salz** *und* **Pfeffer.** *Wichtig: Das Sonnenblumenöl tröpfchenweise unterrühren. Die Sauce kann zu gekochten Kartoffeln, Roastbeef und Tafelspitz gereicht werden.*

Wissenswertes, Anekdoten

Aufgrund eines hohen Gerbstoffgehalts wirken die Blätter als Adstringens: Gewebe und Schleimhäute ziehen sich zusammen und Blutungen werden gestillt. Darauf bezieht sich auch der botanische Name. Er leitet sich vom lateinischen *sanguis* für Blut und *sorbeo* für aufsaugen ab. In der Volksmedizin verabreichte man das Kraut daher bei Durchfall und inneren Blutungen.

Wiesenlabkraut *(Galium mollugo)*

Mai bis September *30 bis 100 Zentimeter*

Weißer Butterstiel, Grießblum, Gliederkraut, Osterwurzel

Fundorte

Auf Wiesen, an Böschungen sowie Gebüsch-, Weg- und Waldrändern. Die Pflanze verträgt auch leichten Schatten.

Merkmale und Verwechslungsgefahr

Die Pflanze wächst niederliegend, aufsteigend und kletternd. Die Blätter bestehen aus mehreren schmalen, in Etagen rund um den vierkantigen Stängel angeordneten Teilblättchen; in der Regel sind es 6 bis 9 Blätter pro Quirl. In einer locker zusammengesetzten Blütenrispe stehen zahlreiche kleine, weiße Einzelblüten mit jeweils vier Blütenblättern.

Was wird gesammelt?

Blätter samt Stängel sowie Blüten.

Inhaltsstoffe und Geschmack

Flavonoide, Cumarine, Gerbstoffe, ätherische Öle und geringe Mengen an Alkaloiden.
Der Geschmack ähnelt dem junger Erbsen.

Verwendung

Besonders schmackhaft sind die jungen Triebe vor der Blüte der Pflanze und damit eine ideale Salatzutat. Blätter und Triebe kann man fast das ganze Jahr über sammeln und als Blattgemüse zubereiten. Blüten und Blütenknospen lassen sich über Salate und andere Gerichte streuen. Sie geben auch Limonaden und anderen Getränken Aroma. Kocht man sie aus, erhält man einen Saft, aus dem sich Pudding und Sirup zubereiten lässt.

Für eine einfache Beilage **200 Gramm Schafskäse** *in Stücke schneiden und* **25 Gramm Labkraut** *klein hacken. Beides mit* **4 Esslöffeln Olivenöl** *vermischen und mit Pfeffer und Salz abschmecken. Dies kann auf Salatblättern angerichtet und mit Oliven, Peperoni und Fladenbrot serviert werden.*

Wissenswertes und Anekdoten

In der Volksmedizin galt die Pflanze früher als Heilmittel gegen Gliederschmerzen, z. B. Rheuma. In der Naturheilkunde wird dem Kraut eine anregende Wirkung auf die Nierentätigkeit nachgesagt und eine hilfreiche zur Entschlackung.
Die Wurzel enthält einen roten Farbstoff, der früher zum Färben der Ostereier genutzt wurde. Zudem diente es zur Milchgerinnung bei der Käseherstellung.

Wiesen-Margerite

(Leucanthemum vulgare oder *Chrysanthemum leucanthemum)*

Mai bis Oktober *20 bis 90 Zentimeter*

Wucherblume, Gänseblume, Sternblume, Talerblume, Heublume, Maiblume, Orakelblume, Zupfblume, Mariagottesblum

Fundorte

Auf Wiesen, Weiden, Halbtrockenrasen, Äckern, an Wegrändern und in lichten Wäldern. Die Pflanze stellt an den Boden keine hohen Ansprüche.

Merkmale und Verwechslungsgefahr

Die Pflanzen sehen mit ihren bis zu 5 Zentimeter großen Blütenständen wie große Gänseblümchen aus. Sie haben einen harten, aufrechten Stängel. Die Blätter sind gestielt, grob gezähnt und an der Spitze breiter als am Ansatz. Die Stängelblätter sind schmaler, teils fast ganzrandig und haben keinen Stiel.

Vor der Blüte können die Blätter mit denen des giftigen Jakobs-Greiskrauts (Senecio jacobaea) ***verwechselt werden.***

Allerdings sind diese deutlich tiefer eingeschnitten als die der Margerite. Später blüht diese Pflanze dann gelb.

Was wird gesammelt?

Die jungen Blätter und Triebe, solange der Stängel noch nicht entwickelt ist, sowie Blütenknospen, Blüten und Wurzeln.

Inhaltsstoffe und Geschmack

Ätherische Öle, Harze und Gerbstoffe.

Verwendung

Die jungen Triebe und Blätter schmecken roh aromatisch und süß. Sie sind lecker in Salaten. Gedünstet kann man sie mit einem Stück Butter servieren.
Mit den Blüten lassen sich Salate und andere Gerichte dekorieren.
Die Wurzeln werden im Winterhalbjahr geerntet und als Gemüse gekocht oder in einem Gratin mit Kartoffeln und Käse überbacken.

Wissenswertes, Anekdoten

In Wiesen kann sich die Margerite stark verbreiten, daher rührt der Name Wucherblume. Denn der Wurzelstock breitet sich teppichartig aus, wenn das Gras abgemäht wird.
Der botanische Name kommt aus dem Griechischen. „Leukos" heißt weiß und „anthemon" Blüte. Die weißen Blütensterne haben die Menschen immer schon als Orakel genutzt. Durch das Auszupfen einzelner „Blütenblätter" (eigentlich Zungenblüten) wurde das Schicksal nach dem Muster „er liebt mich, er liebt mich nicht" befragt. Mit dem letzten „Blütenblatt" entschied sich diese Herzensangelegenheit – spielerisch, versteht sich.

Wiesen-Salbei *(Salvia pratensis)*

April bis August *30 bis 60 Zentimeter*

Wilder Salbei, Blaue Blume, Hasenohre, Weinbrändele, Honigblume

Fundorte

Auf Wiesen, Trockenrasen sowie an Weg- und Gebüschrändern.

Merkmale und Verwechslungsgefahr

Die ganze Pflanze duftet aromatisch. Der Stängel ist vierkantig und behaart. Die Blätter sind gestielt, eiförmig und runzelig. Die Blüten stehen am Ende der Triebe meist zu zweit oder zu viert zusammen und bilden viele Etagen übereinander.

Was wird gesammelt?

Blätter, Triebspitzen, Stängel und Blüten.

Inhaltsstoffe und Geschmack

Bitter- und Gerbstoffe, Flavonoide, östrogenartige Stoffe sowie ätherisches Öl mit den Inhaltsstoffen Cineol, Pinen, Thujon, Salven und Camphen. Der Geschmack erinnert an Minze.

Verwendung

Zarte Blätter, Triebspitzen und Blüten schmecken gut in Salaten und Quark. Mit ihnen lassen sich auch Öl, Wein und Likör aromatisieren. Jean-Marie Dumaine (siehe Seite 12) erinnert der Duft des Wiesen-Salbeis an Limetten. Deshalb kommt das Kraut in Salatsaucen besonders gut zur Geltung. Zusammen mit Ingwer lassen sich damit auch aromatische Füllungen für Frühlingsrollen und Weinblätter kreieren.

Für Wiesen-Salbei-Marmelade mit Himbeeren **1 Kilo Himbeeren** *und* **500 Gramm Gelierzucker** *(2:1) in einen Topf geben, kurz aufkochen und 4 Minuten köcheln lassen. Die Blätter von* **15 Stängeln Wiesensalbei** *lösen, klein hacken und in den Topf einrühren. Das Ganze kurz pürieren. Falls vorhanden, können nun noch Salbeiblüten hinzugefügt und untergerührt werden. Das Gelee heiß in Gläser füllen. Die Gläser fest verschließen und kurz auf den Kopf drehen. Der entstehende Unterdruck saugt die Deckel fest an.*

Wissenswertes, Anekdoten

Die Wirkung des Wiesen-Salbeis ist ganz ähnlich wie die des Gartensalbeis *(Salvia officinalis)* – nur schwächer. Will man besonders von den heilsamen Kräften der Pflanze profitieren, sollte man den Gartensalbei benutzen. Diese mediterranen Halbsträucher kennt man seit dem 8. Jahrhundert auch nördlich der Alpen, wo sie von Mönchen in Klostergärten kultiviert wurden. Im Garten setzt man die etwas frostempfindlichen Gewächse an einen geschützten Platz. Sie vertragen volle Sonne. Der Boden sollte durchlässig und etwas kalkhaltig sein. Den Winter im Freien überstehen gut die robusten Sorten 'Major' und 'Mittenwald'. Sie lassen sich auch im Topf halten.

Die Volksheilkunde besagt, dass Salbeitee keimhemmend wirken kann. Er soll Durchfall oder Halsschmerzen, Mandel- sowie Zahnfleischentzündungen lindern. (Mehr zum Salbei siehe auch Seite 235.)

Seine Bitterstoffe machen fette Speisen bekömmlicher und verhindern Blähungen.

Wiesen-Sauerampfer

(Rumex acetosa)

Mai bis August *30 bis 100 Zentimeter*

Großer Sauerampfer, Sauerlaub, Lauskraut, Himmelbrod, Hutschensalat, Mundfäulkraut, Stoppkraut, Sauertabak

Fundorte

Auf Wiesen, Weiden, Uferböschungen, Brachland und an Wegrainen.

Merkmale und Verwechslungsgefahr

Die Pflanze wächst aufrecht. Typisch sind die länglich-eiförmigen Blätter, die unteren sind gestielt, die oberen ungestielt. Vor allem die unteren Blätter besitzen nach hinten gerichtete Spießecken, die das ganze Blatt pfeilspitzenförmig erscheinen lassen. Männliche und weibliche Blütenknäuel befinden sich auf verschiedenen Pflanzen. Sie unterscheiden sich zwar etwas, sind jedoch beide unscheinbar.

Die Pflanze kann mit dem Kleinen Ampfer *(Rumex acetosella)* verwechselt werden. Er wird nur bis zu 30 Zentimeter hoch. Seine Blätter tragen nach außen abstehende kleine Zipfel. Auch er ist essbar und schmeckt säuerlich.

Was wird gesammelt?

Blätter, Triebspitzen, Blütenknospen, Samen.

Inhaltsstoffe und Geschmack

Oxalsäure, Flavonoide, Karotin, Eisen, Gerbstoffe und viel Vitamin C. In den Wurzeln finden sich noch Anthranoide. Der Geschmack ist fein-säuerlich.

Verwendung

Sauerampfer lässt sich in Salaten, Wildkräutersuppe, Omelettes und Saucen verwenden. Die Samen bringt man auch zum Keimen und isst sie im Winter als Sprossen. Ein Tipp: Nehmen Sie junge Pflanzen, da ältere oft zu sauer sind. Nur kurz erwärmen. Bei Hitze verliert das Kraut Farbe und Aroma, nicht den sauren Geschmack.

Jean-Marie Dumaine (siehe Seite 12) hat ein Sauerampfer-Eis kreiert. Sie brauchen dazu **100 Gramm Sauerampfer, 700 Milliliter Wasser, 150 Gramm Zucker, 8 Eigelb, 250 Gramm Butter.** *Die Blätter trennen Sie von den Stielen und hacken sie grob. Die Stiele kochen Sie mit Wasser und Zucker zu einem Sirup ein und gießen alles durch ein Sieb. Diesen Sirup erhitzen Sie dann und geben ihn in eine Schüssel, in der schon Butter und Eigelb sind. Pürieren Sie alles gut und lassen Sie alles abkühlen. Anschließend mixen Sie die Sauerampferblätter mit dem Pürierstab darunter und lassen es in einer Schale im Tiefkühlfach gefrieren.*

Wissenswertes, Anekdoten

Vom mehrjährigen Sauerampfer erhält man im Handel auch Saatgut, das direkt in Töpfe oder ins Beet gesät werden kann. Ebenfalls wird ein naher Verwandter für den Garten als Saatgut oder fertige Pflanze angeboten: der mehrjährige Schildampfer *(Rumex scutatus).* Er ist feiner und spritziger. Der Volksmedizin nach soll Sauerampfer appetitanregend und blutreinigend wirken. Doch muss die Dosis stimmen. Zu viel Oxalsäure hindert den Körper, Kalzium aus dem Essen zu lösen. Auch Magen- und Nierenstörungen können die Folge sein (siehe Seite 235). Daher sollte man das Kraut nur in kleinen Mengen genießen und nicht kiloweise. Gleiches gilt für die Wurzeln, die stark abführend wirken. Menschen mit Nieren-/Lebererkrankungen sollten auf alles verzichten.

Wiesen-Schafgarbe

(Achillea millefolium)

Juni bis Oktober *15 bis 60 Zentimeter*

Hasengarbe, Tausendblatt, Grützblume, Bauchwehkraut, Neunkraft, Heil aller Schäden, Blutkraut, Blutnase, Achillenkraut

Fundorte

Auf Wiesen, Weiden, Halbtrockenrasen und an Wegrändern.

Merkmale und Verwechslungsgefahr

Die ganze Pflanze duftet stark aromatisch. Die Blätter sind fein gefiedert: Von einem kräftigen Mittelnerv gehen kleinere Seitennerven ab, an denen jeweils einzelne Fiederblättchen sitzen. Anfangs sieht man nur Blattrosetten, aus denen sich später kräftige, aufrechte Blütenstängel erheben. Die Blütenkörbchen stehen in dichten, schirmartigen Trugdolden. Sie sind meist weiß gefärbt, können aber auch einen Hauch von Rosa haben. Die Pflanzen bilden kurze Ausläufer, mit denen sie sich verbreiten.

Was wird gesammelt?

Junge Blätter vor dem Erscheinen von Blütenstängel und Blüten.

Inhaltsstoffe und Geschmack

Bitter- und Gerbstoffe, Flavonoide, Kieselsäure, Mineralstoffe, ätherisches Öl mit Cineol, Pinen, Kampfer, Eugenol, Thujon, Caryophyllen, Limonen, Sesquiterpenen und Chamazulen. Der Geschmack ist leicht pfefferig.

Verwendung

Die jungen Blätter sind zart und aromatisch. Sie lassen sich gut in Salate mischen, als Gemüse kochen oder unter Rührei mischen. Werden die Blätter härter und bitter, nutzt man sie zum Würzen.

Die Blüten werden als Aromastoff für Saft und Likör verwendet. Ein schmackhaftes Getränk entsteht, wenn man einige Blüten in einem Glas Wasser einige Stunden lang in der Sonne ziehen lässt.

Für Rührei mit Schafgarbe **200 Gramm junge Schafgarbenblätter** *waschen und jeweils von der Mittelrippe abziehen, sodass nur die feinen Blättchen übrig bleiben. Die Blätter in Wasser langsam zum Kochen bringen. Wasser nach etwa 15 Minuten abgießen und Blätter in Haushaltspapier trocken tupfen,* **8 Eier, 50 Milliliter Milch, Salz** *und* **Pfeffer** *aus der Mühle in einer Schüssel verquirlen. Etwas* **Butter** *und* **Pflanzenfett** *in einer Pfanne erhitzen. Die Schafgarbenblätter bei niedriger Hitze kurz anbraten, dann die Eiermasse dazugeben. Diese mit einem Pfannenheber hin und wieder zerteilen und wenden. Heiß servieren.*

Wissenswertes, Anekdoten

Die Schafgarbe wird in der Volksmedizin als eine vielseitige Heilpflanze verwendet. Schon im Altertum sprach man ihr wundheilende und entzündungshemmende Eigenschaften zu. Aufgrund der Bitterstoffe wird sie hauptsächlich bei Verdauungsstörungen angewendet. Naturheilkundlich ist vor allem das blühende Kraut interessant. Für eine Tasse Tee braucht man einen Teelöffel voll, der mit heißem Wasser überbrüht wird und sieben Minuten ziehen sollte.

Wiesen-Storchschnabel

(Geranium pratense)

Juni bis Oktober *20 bis 80 Zentimeter*

Tellerblume, Tintenblume, Herrgottsnägel, Blaublatterblume, Lungenkrüd

Fundorte

Auf Wiesen, an Wegrainen.

Merkmale und Verwechslungsgefahr

Der Stängel wächst verästelt und ist drüsig. Das heißt, er besitzt Drüsenhaare, die ätherische Öle abgeben und duften, wenn man sie durch Berührung zerstört. Die Blätter sind handförmig und meist siebengeteilt. Die Einschnitte zwischen den Blattabschnitten reichen fast bis an den Blattstiel. Die Blüten stehen in einem lockeren (straußartigen) Blütenstand. Die Blütenblätter sind von sichtbaren Adern durchzogen und ihr Rand ist glatt.

Die Blätter sehen denen des giftigen Gelben Eisenhuts** (Aconitum lycoctonum) **ähnlich. Diese sind jedoch weniger tief eingeschnitten als beim Storchschnabel. Dennoch ist Vorsicht geboten.

Was wird gesammelt?

Blätter, Blüten und Samen.

Inhaltsstoffe und Geschmack

Gerbstoffe, Bitterstoffe, Flavonoide, ätherisches Öl. Der Geschmack ist sehr mild.

Verwendung

Roh schmecken die Blätter in Salat und in Quark. Doch lassen sich damit auch Suppen, Spinat- und Gemüsegerichte verfeinern. Die Blüten haben eine schöne blauviolette Farbe. Sie eignen sich daher zum malerischen Dekorieren von Speisen und Cocktails. Aus den Samen lassen sich Keimsprossen ziehen.

Für einen bunten Wildkräutersalat brauchen sie: **4 Handvoll Vogelmiere, 2 Handvoll Storchschnabel** *mit Blüten,* **1 Esslöffel Weinessig, 2 Esslöffel Distelöl,** *mit* **Salz** *und* **Pfeffer** *abschmecken. Dazu passen gut gebratene Puten- oder Hähnchenbrust, die in Streifen geschnitten über den Salat verteilt wird.*

Wissenswertes, Anekdoten

Der Wiesen-Storchschnabel ist seit dem 17. Jahrhundert auch als Gartenpflanze bekannt. Heute sind einige attraktive Sorten im Handel erhältlich, die aus der Wildart gezüchtet worden sind. Dazu gehören die graublau blühende 'Mrs. Kendall Clark' sowie die lilablau blühende 'Johnson's Blue' und 'Brookside' mit tiefblauen, weiß geäugten Blüten.
In der Volksmedizin wird ein Tee aus Storchschnabelkraut bei leichten Durchfällen und Magen-/Darmentzündungen verabreicht. Er soll auch die Stimmung aufhellen.

Wilde Möhre *(Daucus carota)*

Mai bis September *30 bis 100 Zentimeter*

Goldmöhre, Mohrrübe, Herrgottsblut, Vogelnest, Mädlisläus

Fundorte

Auf Wiesen, Halbtrockenrasen, Schuttflächen, an Wegrändern, Bahndämmen und lichten Stellen im Wald.

Merkmale und Verwechslungsgefahr

Die Pflanze gehört zu den Doldengewächsen. Gut, dass die Blüten der Wilden Möhre ein unverwechselbares Merkmal besitzen: einen dunkelroten Fleck im Zentrum. Ihr Stängel zeigt feine Längsrillen und ist, wie die gesamte Pflanze, behaart. Die fein gefiederten Blätter erinnern an das Laub von Karotten. Wenn man sie zwischen den Fingern reibt, verströmen sie auch einen den Karotten ähnlichen Geruch. Nach der Blüte ziehen sich die Dolden nestartig zusammen. Die Früchte sind mit kleinen Stacheln besetzt, mit denen sie im Fell von Tieren hängen bleiben.
Die zweijährige Pflanze entwickelt im ersten Jahr eine Blattrosette und eine weiße Pfahlwurzel. Die Blüte entsteht erst im Folgejahr.

❗ *In dieser Familie gibt es einige sehr giftige Arten wie den Gefleckten Schierling* (Conium maculatum)*, die Hundspetersilie* (Aethusa cynapium) *und den Giftigen Wasserschierling* (Cicuta virosa)*. Da die Pflanzen auf den ersten Blick nicht immer leicht zu unterscheiden sind, ist beim Sammeln Vorsicht geboten.*

Was wird gesammelt?

Blätter, Blüten, Wurzeln und Samen.

Inhaltsstoffe und Geschmack

Ätherisches Öl, Flavonoide, das Karotinoid Lycopin, Pektin, Mineralstoffe, die Vitamine B_1, B_2 und C. Die Wurzeln schmecken süßer und aromatischer als Karotten.

Verwendung

Die jungen Blätter können fein geschnitten Salate und Suppen würzen. Die Blüten verzieren Salate und Gemüsegerichte. Auch die Früchte sowie die Samen sind schmackhaft und eigenen sich gut zum Würzen.

Das Hauptaugenmerk gilt natürlich den weißen Wurzeln, die am besten zwischen dem Ende des ersten bis zum Frühjahr des zweiten Jahres ausgegraben werden. Danach werden sie holzig. Sie können roh und gekocht wie Karotten gegessen werden.

Wissenswertes, Anekdoten

In den germanischen, slawischen und griechischen Sprachen klingen die Wörter für den Begriff Möhre ähnlich wie etwa das mittelhochdeutsche „morhe", was so viel bedeutet wie essbare Wurzel. Die Wurzeln der wilden Möhre sind weißlich hell gefärbt, weil sie weniger Karotin enthalten als die kultivierten Möhren.

Die Kulturmöhren hierzulande wurden aus der Wilden Möhren gezüchtet. Funde von Möhrensamen in Schweizer Pfahlbauten beweisen, dass sie schon in der Jungsteinzeit in Mitteleuropa angepflanzt wurden. Die orangefarbenen Formen stammen jedoch von einer Wildart aus Zentralasien.

Feuchte Böden und Wassernähe

Bachbungen-Ehrenpreis

(Veronica beccabunga)

Mai bis August *10 bis 60 Zentimeter*

Bachbohne, Wassersalat, Bachkohl, Bachbunge

Fundorte

An Gräben, Teichen, den Rändern von fließenden Gewässern und auf feuchten Wiesen.

Merkmale und Verwechslungsgefahr

Die fleischigen, runden Stängel der Wasserpflanze liegen nieder und richten sich erst zur Spitze hin auf. Die glänzenden, gummiartigen, oval geformten Blätter sind am Rand gezackt, manchmal aber auch glatt. Die Triebe mit den blauen Blütentrauben entspringen aus den Blattachseln. Die Pflanzen bilden größere Kolonien.

Eine Möglichkeit der Verwechslung besteht nur mit dem Wasser-Ehrenpreis *(Veronica anagallis-aquatica),* dessen Blätter jedoch länglich und dessen Stängel eckig sind. Diese Pflanze ist unbedenklich.

Was wird gesammelt?

Die fleischigen Blätter, Stängel und Blüten. Sie können mehr oder weniger das ganze Jahr über gesammelt werden.

Inhaltsstoffe und Geschmack

Reich an Vitamin C. Zudem enthalten die Pflanzen Bitterstoffe, Gerbstoffe sowie das Iridoidglykosid Aucubin und Flavonoide. Sie schmecken scharf wie Kresse und haben eine bittere Note.

Verwendung

Die Pflanzen sind zart und haben Biss. Klein geschnitten sind Blätter und Triebspitzen eine gute Zutat zu Salaten.
Zum Kochen mischt man die Pflanzen mit anderem Wildgemüse. Für sich allein genommen, schmeckt Bachbungen-Ehrenpreis zu bitter.
Die Blüten behalten auch nach dem Trocknen noch ihre Farbe. So kann man diese frisch oder in getrocknetem Zustand zum Dekorieren von Speisen verwenden.

Wissenswertes, Anekdoten

Heinrich Marzell schreibt in seinem „Wörterbuch der Deutschen Pflanzennamen“, dass der Name auf das mittelhochdeutsche Wort „bunge“ zurückgeht, was so viel wie Knolle bedeutet. Da die Pflanze jedoch keine dicken Wurzelknollen besitzt, sind damit wohl die etwas aufgedunsenen Fruchtkapseln gemeint.
Dem Bachbungen-Ehrenpreis können – wie der Brunnenkresse – Parasiten, zum Beispiel die Larven vom Großen Leberegel, anhaften. Die Gefahr ist immer dann groß, wenn die Gewässer, in denen die Pflanzen wachsen, mit Viehweiden in Berührung gekommen sind. Zur Sicherheit sollte man die Pflanzen sorgfältig waschen und dann kochen (siehe dazu auch Seite 235).
Früher galt in der Volksmedizin der Vitamin-C-haltige Bachbungen-Ehrenpreis als ein hilfreiches Mittel gegen die Vitaminmangel-Krankheit Skorbut.

Breitblättriger Rohrkolben

(Typha latifolia)

Juni bis August *50 bis 250 Zentimeter*

Narrenkolben, Spottrohr, Donnerkeil, Lampenputzer, Samtstecken, Böttcherschilf, Küferkolben

Fundorte

In Röhrichten, Gräben und auf feuchten Wiesen. Die Pflanze liebt nährstoffreiche, stehende und langsam fließende Gewässer.

Merkmale und Verwechslungsgefahr

Typisch sind die dunkel-rostbraunen, walzenförmigen Kolben, auf denen nochmals schmalere gelbbraune Kolben sitzen. Es handelt sich um die weiblichen Blütenstände und die schmächtigeren männlichen darüber. Die Blätter sind 1 bis 2 Zentimeter breit und stets blaugrün gefärbt.
Der Schmalblättrige Rohrkolben *(Typha angustifolia)* lässt sich am besten anhand der Blätter vom Breitblättrigen Rohrkolben unterscheiden. Sie sind eher gelblich gefärbt und weniger als 1 Zentimeter breit. Auch diese Art ist essbar.

Was wird gesammelt?

Triebe und Wurzeln.

Inhaltsstoffe und Geschmack

Stärke, Flavonoide, ätherisches Öl, Phytoöstrogene. Das Innere der Triebe hat einen Geschmack, der an Palmherzen und Lauch erinnert.

Verwendung

Nach der Ernte werden die äußeren Blätter abgeschält. Man nutzt nur das zarte, weiße Mark der Stängel (Triebe) und schneidet es wie Lauch in Scheiben. Es kann roh in Salate, gedünstet als Gemüse oder als Zutat zu einer Suppe genossen werden. Auch die Wurzeln kann man den Winter über als Gemüse nutzen. Passiert man die klein geschnittenen und gekochten Stücke durch ein Sieb, erhält man ein süß schmeckendes Mus.

Wissenswertes, Anekdoten

Früher wurden Fässer mit den Blättern des Rohrkolbens wasserfest verstopft. Dieses Handwerk betrieben Küfer oder Böttcher. Darauf beziehen sich einige volkstümliche Namen der Pflanze. Den Gärtnern dienten die getrockneten Blätter hingegen als Bastersatz.

In der deutschen und niederländischen Malerei taucht der Rohrkolben in Darstellungen des von Pontius Pilatus verurteilten Jesus auf. Die biblische Szene bezieht sich auf Matthäus 27, 27–30: „Da nahmen die Kriegsknechte des Landpflegers Jesus mit sich in das Richthaus und holten die ganze Schar zu ihm her und legten ihm einen Purpurmantel an und flochten eine Dornenkrone und setzten sie auf sein Haupt und gaben ihm ein Rohr in seine rechte Hand und beugten die Knie vor ihm und verspotteten ihn und sprachen: ‚Gegrüßet seist du, der Juden König!'" Daher rührt der Name Spottrohr.

Echte Brunnenkresse

(Nasturtium officinale)

Mai bis September *30 bis 90 Zentimeter*

Bruchsalat, Quellenraukenkraut, Wassersenf, Weiße Kresse

Fundorte

Vor allem an Bächen, Gräben und Uferböschungen, wo das Wasser fließt. Die Pflanzen bevorzugen kalkhaltige Böden.

Merkmale und Verwechslungsgefahr

Die Stängel sind hohl, verzweigen sich und kriechen meist waagerecht im Schlamm oder unterhalb der Wasseroberfläche. Die Stängelenden richten sich auf. Sie tragen dunkelgrüne, glänzende Blätter, die sich aus fünf bis neun einzelnen eiförmigen Blattfiedern zusammensetzen. Die Pflanzen gehören zu den Kreuzblütlern. Demgemäß gibt es nur vier kreuzförmig angeordnete Blütenblätter. Bei der Brunnenkresse ist die Blüte weiß mit einer Mitte aus gelben Staubgefäßen. Darin unterscheidet sie sich vom Bitteren Schaumkraut *(Cardamine amara)*, dessen Staubbeutel rotviolett gefärbt sind. Eine Verwechslung wäre nicht schlimm, da auch das Bittere Schaumkraut als Wildsalat gegessen werden kann.

Was wird gesammelt?

Blätter, Triebe und Blütenstände. Man schneidet sie knapp über dem Wasser ab. In der Natur findet man fast das ganze Jahr über Brunnenkresse.

Inhaltsstoffe und Geschmack

Flavonoide, Vitamin C und Senfölglykoside, die den scharfen, kresseartigen Geschmack verursachen.

Verwendung

Mit den rohen Pflanzenteilen werden Salate gewürzt. Klein geschnitten sind sie eine gute Zutat zu Kräuterquark und Kräuterbutter. Kocht man das Kraut, wird der Geschmack milder. Bekannt ist auch eine Suppe mit Brunnenkresse.

Der Koch der „Essbaren Landschaften", Olaf Hiener, empfiehlt für eine Suppe folgende Zutaten: **600 Milliliter Fleischbrühe** *zusammen mit* **200 Gramm mehligkochenden Kartoffeln,** *geschält und in Würfel geschnitten,* **1 gewürfelten Zwiebel, 30 Gramm Butter, 150 Gramm Brunnenkresse, 40 Gramm geschälten Walnüssen** *und* **40 Milliliter Walnussöl** *kochen. Schmecken Sie die Suppe mit* **Salz, weißem Pfeffer** *und* **Muskatnuss** *ab. Die Zugabe von Nüssen und Nussöl mildert den scharfen Geschmack.*

Wissenswertes, Anekdoten

Wenn Brunnenkresse in der Nähe von Viehweiden gesammelt wird, ist Vorsicht geboten. Den Trieben könnten Larven des Großen Leberegels (siehe dazu auch Seite 235) anhaften, die sich auch bei Menschen in der Leber einnisten und dann tödlich sein können. Zur Sicherheit sollte die Kresse in diesen Fällen vor dem Verzehr sorgfältig gewaschen und abgekocht werden.

Echtes Barbarakraut

(Barbarea vulgaris)

Blütezeit: April bis Juli *20 bis 90 Zentimeter*

Winterkresse, Steinkraut, Senfkraut, Breitblättrige Winter-Rauke, Stumpfblättriger Hederich

Fundorte

An Ufern und Gräben, feuchten Weg- und Ackerrändern, auf Waldlichtungen und in Kiesgruben. Die Pflanzen bevorzugen einen feuchten, lehmhaltigen Boden und vertragen etwas Schatten.

Merkmale und Verwechslungsgefahr

Aus einem verzweigten Wurzelstock bildet sich im ersten Jahr eine Rosette mit fünf- bis neunfach gefiederten rundlichen Blättern. Das Blättchen an der Spitze ist häufig auffallend groß entwickelt und rund bis herzförmig. Im zweiten Jahr wächst der Stängel mit gezähnten, eiförmigen, teils stängelumfassenden Blättern. Die Blüten sitzen in lockeren Trauben zusammen.

Verwechslungsgefahr besteht mit dem leicht giftigen Acker-Schöterich (Erysimum cheiranthoides). *Er besitzt jedoch läng-*

liche, ganzrandige und zum Teil auch unregelmäßig gezähnte Blätter, die den Stängel nicht umfassen.

Was wird gesammelt?

Vor allem zwischen Dezember und Mai die jungen Blätter aus der Blattrosette. Später im Jahr Blüten und Blütenknospen.

Inhaltsstoffe und Geschmack

Senfölglykoside und viel Vitamin C. Der Geschmack erinnert an Kresse und Brunnenkresse.

Verwendung

Die Blätter lassen sich gut in den Salat mischen und geben ihm einen pikanten Geschmack. Sie können auch in Butter gedünstet und als spinatähnliches Gemüse serviert werden. Die Blüten und Blütenknospen lassen sich samt ihrer zarten Stängel wie Brokkoli zubereiten.

Barbarakraut und Ricotta können auch als Füllung für Kartoffelklöße dienen. Dazu zerkleinern Sie **1 Bund frisches Kraut** *und vermischen es mit* **250 Gramm Ricotta, 1 zerdrückten Knoblauchzehe, 1 Eigelb** *und* **1 zerriebenem Brötchen.** *Die Masse mit* **Worcestersauce, Zitronensaft, Salz** *und* **Pfeffer** *würzen. Jeder Kartoffelkloß wird mit einem Esslöffel Füllung versehen. Die Klöße schmecken lecker zu Spargel und Lamm.*

Wissenswertes, Anekdoten

Jährlich wird am 4. Dezember der Heiligen Barbara gedacht. Nach ihr wurde das Echte Barbarakraut benannt, weil die Blätter der Pflanze bis in den Winter hinein grün bleiben und so am Barbaratag noch als Salat gegessen werden können. Die Pflanze gehört zu den wenigen Kräutern, die den ganzen Winter über vitaminreiche Kost liefern. Sie lässt sich auch gut im Garten anbauen. Die Saat wird im Abstand von 25 Zentimetern ausgebracht. Häufig bietet der Handel für den Garten Saatgut vom Frühlings-Barbarakraut *(Barbarea praecox* oder auch *Barbarea verna)* an.
In der Volksmedizin wird das Kraut als harntreibendes und den Stoffwechsel anregendes Mittel verabreicht. Es sollte nur frisch verwendet werden.

Gewöhnliches Schilf

(Phragmites australis)

Juli bis September *100 bis 300 Zentimeter*

Reet, Schluchtern, Heidemesser, Weiherröhrli

Fundorte

An Fluss- und Teichufern. Dort gedeiht die Pflanze auch im Schatten.

Merkmale und Verwechslungsgefahr

Die Blätter sind graugrün, lang und zugespitzt. Am Blattgrund befindet sich ein weißes Haarbüschel. Die rot-bräunlichen Blütenrispen werden bis zu 40 Zentimeter lang.

Was wird gesammelt?

Triebe und Wurzeln.

Inhaltsstoffe und Geschmack

Bis zu 5 % Zucker, Asparagin. Der Geschmack ist mild und süßlich und erinnert etwas an Lauch.

Verwendung

Die jungen Sprossen lassen sich ähnlich wie die des Bambus verwenden. Im April werden sie mitsamt des Wurzelansatzes geschnitten und von den äußeren Blättern befreit. So erhält man ein mildes Gemüse, das gedünstet, eingelegt und roh verspeist werden kann. Aus den Trieben lässt sich auch ein süßer Pflanzensaft zum Trinken pressen.

Für Matjesfilets mit Schilfherzen und Roten Beten **400 Gramm Rote Bete** *schälen, in gleichmäßige Stifte schneiden und mit einer fein gewürfelten* **kleinen Zwiebel** *in Olivenöl kurz andünsten. Jeweils* **4 Esslöffel Wasser** *und* **Weinessig** *sowie* **Salz** *und* **Pfeffer** *hinzugeben. Dann jeweils* **3 Zweige Dost (Origanum), Gundermann** *und* **Minze** *bündeln, in den Sud legen und alles zusammen ca. 20 Minuten zugedeckt köcheln. Abschließend das Kräuterbündel entfernen und die Rote Bete auf zwei Teller verteilen. Dazu kommen jeweils zwei Matjesfilets und jeweils* **100 Gramm Schilfherzen.** *Diese wurden zuvor von den äußeren Blätter befreit und in ½ Zentimeter dicke Scheiben geschnitten.*

Wissenswertes und Anekdoten

Der Name Schilf leitet sich aus dem lateinischen Wort *scirpus* (= Binse) ab. Mit dem Wandel von r zu l wird althochdeutsch sciluf und schließlich mittelhochdeutsch schilf daraus. Die Traditionelle Chinesische Medizin (TCM) beschreibt die Pflanze als schmerzlindernd, harntreibend und fiebersenkend.

Japanischer Knöterich

(Fallopia japonica)

Juli bis September *100 bis 300 Zentimeter*

Japanischer Flügelknöterich

Fundorte

Auf Kies und Schotterflächen, an Wegen, Waldrändern und Flussufern. Die Pflanzen breiten sich rasant an unterschiedlichen Orten aus. Sie gedeihen in voller Sonne und im lichten Schatten sowie auf trockenen und feuchten Böden.

Merkmale und Verwechslungsgefahr

Die dicken Stängel der Pflanze sind rot überlaufen und innen hohl. Die Blätter fühlen sich ledrig an, sind breit einförmig und vorne zugespitzt. Die Blütenstände mit vielen kleinen, weißen Einzelblüten wachsen aus den Blattachseln.

Was wird gesammelt?

Sprosse, Wurzeln

Inhaltsstoffe und Geschmack

Eisen, Kalium, Kupfer, Zink, Mangan, Oxalsäure, Vitamin A, Vitamin C, das orangefarbige Anthrachinon Emodin und Resveratrol (ein Isoflavon). Der süß-säuerliche Geschmack erinnert an den von Rhabarber.

Aufgrund der Oxalsäure sollte der Japanische Knöterich ähnlich wie Rhabarber, mit dem er auch verwandt ist, nicht in übermäßigen Mengen verzehrt werden.

Verwendung

Im Frühjahr können die jungen Sprosse roh genossen und als Gemüse zubereitet werden, indem man sie etwa in der Pfanne dünstet. Sie lassen sich auch wie Rhabarber zu Kompott verarbeiten. Im Spätsommer können Wurzeln ausgegraben, geschält und wie Wurzelgemüse zubereitet werden.

Für eine Knöterich-Erdbeeren-Konfitüre **500 Gramm Japanischen Knöterich** *(Stangen mit ca. 2 Zentimeter Durchmesser) und* **1,5 Kilo Erdbeeren** *waschen und in große Stücke schneiden. Mit* **1 Kilo Gelierzucker** *(2:1) mischen und 30 Minuten ziehen lassen. Anschließend mit* **100 Milliliter Wasser** *zum Kochen bringen. Unter Rühren einige Minuten köcheln lassen. Pürieren und die heiße Konfitüre in Gläser füllen. Die Gläser fest verschließen und kurz auf den Kopf drehen. Der entstehende Unterdruck saugt die Deckel fest an.*

Wissenswertes und Anekdoten

Jean-Marie Dumaine schreibt über den Japanischen Knöterich: „Da er an Rhabarber mit Rohrzucker erinnert, nenne ich den Japanischen Knöterich ‚Wildrhabarber'. Wegen seines feinen Geschmacks und der schier unendlichen Zubereitungsmöglichkeiten – vom Chutney bis zum Dessert, von der würzigen Gemüsebeilage bis zum fruchtig-süßen Kuchen – ist er eine meiner Lieblingspflanze." In Asien wird die Pflanze als Gemüse angebaut. Man erntet nur die jungen, 20 Zentimeter langen Sprossen, die bei regelmäßigem Schnitt schnell nachwachsen. In der traditionellen chinesischen Medizin wird er als durchblutungsförderndes und harntreibendes Mittel sowie zum Entgiften eingesetzt. Die Pflanze wird zur Sanierung von mit Schwermetallen und Giftstoffen verseuchten Böden eingesetzt. Von einer Ernte auf belasteten Böden sollte auf jeden Fall abgesehen werden.

Kohldistel *(Cirsium oleraceum)*

April bis September ***30 bis 150 Zentimeter***

Kohl-Kratzdistel, Zuckerdistel, Gemüsedistel, Rohrdistel, Verwaschkraut

Fundorte

Auf feuchten Wiesen, an Bachufern, Gräben und in Auwäldern. Sie gedeiht meist in voller Sonne, verträgt jedoch auch leichten Schatten.

Merkmale und Verwechslungsgefahr

Der Stängel ist gefurcht, innen hohl und meist dornenlos. Die Dornen an den hellgrünen, stängelumfassenden Blättern sind weich und stechen kaum. Vor allem die unteren Blätter werden durch tief einschneidende Buchten unterteilt. Die blassgelben Blütenkörbchen sind von weichstacheligen Hüllblättern umgeben. Eine Verwechslung mit der selten vorkommenden Klebrigen Kratzdistel *(Cirsium erisithales)* ist eher unwahrscheinlich und zudem unproblematisch, da alle mitteleuropäischen Cirsium-Arten genießbar sind.

Was wird gesammelt?

Blätter ab April, Stängel vor der Blüte, Blüten sowie die jungen Wurzeln im Herbst und Winter.

Inhaltsstoffe und Geschmack

Gerbstoffe, Alkaloide, ätherisches Öl, Fette, Flavonoide. In den Wurzeln ist auch Inulin enthalten. Der Geschmack ist mild und erinnert an Artischocken.

Verwendung

Die Blätter eignen sich für Salate, Suppen, Spinat und Aufläufe. Vor der Blüte lassen sich auch die geschälten Stängel und jungen Triebe roh essen. Sie schmecken knackig wie Stangensellerie. Die Blütenköpfe bereitet man kurz vor der Blüte wie Artischocken zu. Die geschälten Wurzeln können roh und gedünstet gegessen werden. Vor der Blüte sind sie besonders zart.

Für einen Distelauflauf (für 4 Personen) **400 Gramm Kohldistelblätter** *waschen und in gesalzenem, kochendem Wasser einige Minuten blanchieren. Danach abtropfen lassen. In einer Schüssel* **4 Eier** *und* **75 Gramm Mehl** *zu einem glatten Teig verrühren. Anschließend* **250 Milliliter Milch** *unterheben sowie* **2 Teelöffel Salz** *und* **100 Gramm geriebenen Käse** *(z.B. Greyerzer) dazu geben. Zum Schluss eine eingefettete Auflaufform jeweils mit einer Schicht Teigmasse und einer Schicht Blätter füllen. 50 Gramm Käse darüber streuen und das Ganze bei mittlerer Hitze (180 Grad) eine halbe Stunde im Ofen backen.*

Wissenswertes und Anekdoten

Schon der botanische Name *oleraceum* (= gemüseartig) deutet darauf hin, dass die Kohldistel früher als Gemüse Verwendung fand, vor allem in Russland und Osteuropa. In der Volksmedizin hatte sie nur geringe Bedeutung. Beschrieben werden heiße Aufgüsse, die eine beruhigende Wirkung bei Krämpfen der Muskulatur und bei Zahnschmerzen haben sollen. Es wurde früher empfohlen, kleine Kinder damit zu waschen, dann würden sie ruhiger werden.

Mädesüß *(Filipendula ulmaria)*

Juni bis August *50 bis 200 Zentimeter*

Geißbart, Federblume, Hexenmehl, Leiterblume, Honichblitn, Johanniswedel, Immenkrut, Allerweltheel, Wurmkraut, Blutkrautwurz, Krampfkraut

Fundorte

An Uferböschungen, Bachläufen, Gräben sowie auf nassen Wiesen und Moorwiesen. Die Pflanze meidet nährstoffreiche Böden.

Merkmale und Verwechslungsgefahr

Der kahle, kantige Stängel ist oft rot überlaufen. Ein Blatt besteht aus zwei bis fünf Fiederpaaren und einer Endfieder. Dazwischen befinden sich noch kleine Fiederblätter. Die Blätter sind oberseits dunkelgrün und an der Unterseite deutlich heller, teils sogar mit einem weißen Flaum. Die Blüten stehen in lockeren Dolden und verströmen einen intensiven, süßlichen Duft.

Was wird gesammelt?

Blätter, Blüten, Wurzeln und Früchte.

Inhaltsstoffe und Geschmack

Gerb- und Schleimstoffe, Kieselsäure, Zitronensäure, ätherisches Öl, die aromatischen Aldehyde Heliotropin und Vanillin, das Salizylsäurederivat Gaultherin sowie Flavonoide wie Spiraein. Die Blüten haben ein feines Mandelaroma.

Verwendung

Junge Blätter lassen sich gut in Salaten oder Gemüsegerichten untermischen.
Vor allem aber eignen sich die Blüten zum Aromatisieren von Desserts, Pudding, Saucen und Getränken. So nimmt Sahne einen süßen, mandelartigen Geschmack an, wenn man Mädesüßblüten über Nacht darin einweicht.
Auch das Aroma der Mädesüßfrüchte lässt sich ähnlich verwenden.
Die Wurzeln eignen sich zum Würzen von Suppen und Kochgemüse.

Wissenswertes, Anekdoten

Der deutsche Name hat nichts mit süßen Mädchen zu tun, wie man vermuten könnte. Er bezieht sich vielmehr auf „mede", was so viel wie Grasland heißt. Dort können die Pflanzen an feuchten Stellen gut gedeihen und ihren süßen Duft verströmen.
Andere Quellen berichten, die Pflanze sei früher zum Aromatisieren von Met, also Honigwein, gebraucht worden, und sie hätte ihren Namen daher.
Mädesüß findet sich auch als Beimischung in Erkältungstees und verleiht ihnen einen aromatischen Duft.
Um 1838 herum gewann der Schweizer Apotheker Johann Pagenstecher Salizylaldehyd aus den Blüten des Mädesüß. Dieser Stoff wurde zum Ausgangsprodukt für das Schmerzmittel Azetylsalizylsäure (ASS). Im Produktnamen Aspirin® steckt noch der botanische Begriff Spiraea – so hatten die Botaniker das Mädesüß früher einmal getauft.

Pfennigkraut *(Lysimachia nummularia)*

Mai bis August *5 bis 50 Zentimeter*

Schlangenkraut, Wiesengold, Egelkraut, Kreisend Wundkraut, Immerheil

Fundorte

Auf Wiesen, an Gräben, Ufern, feuchten Stellen im Wald und als Zierpflanze im Garten.

Merkmale und Verwechslungsgefahr

Die Pflanze wächst flach und kriecht über den Boden. Die Blätter, von denen immer zwei einander gegenüberstehen, sind rundlich bzw. elliptisch. Nach ihnen trägt die Pflanze den „Pfennig" im Namen. Die Blüten entstehen an kurzen Stielen in den Blattachseln.

Ähnlich ist der Hain-Gilbweiderich *(Lysimachia nemorum)*, der ebenfalls verwendbar ist. Für ihn ist typisch, dass die Blütenstiele länger sind als die Blätter.

Was wird gesammelt?

Blätter, zarte Triebe und Blüten.

Inhaltsstoffe und Geschmack

Gerbstoffe, Flavonoide und Saponine. Die Blätter schmecken fein säuerlich.

Verwendung

Die Blätter und Triebspitzen sind eine Bereicherung für Salate. Sie schmecken lecker, wenn sie fein gehackt wie Kresse auf Butterbrot oder Frischkäse gegessen werden. Kalten Suppen auf der Basis von Buttermilch, Joghurt oder Sojamilch verleihen die Blätter zudem eine angenehme Würze. Ebenso können sie Omeletts und Crêpes verfeinern.

Wissenswertes, Anekdoten

Die Pflanze wächst in ganz Mitteleuropa wild. Im 17. Jahrhundert wurde sie in die Gärten geholt, zum Beispiel in den fürstbischöflichen Garten zu Eichstätt. Aufgrund des wuchernden Wuchses empfahl man die Staude aber bald nur noch für Blumenampeln, in denen sie mit ihren gelben Blüten eine schöne Figur macht. Dazu eignet sich auch die gelbblättrige Form 'Aurea', die nicht ganz so starkwüchsig ist.
Heutzutage findet die Staude als Bodendecker wieder in naturnah gestalteten Gärten einen Platz. Sie bildet dichte Bestände und behauptet sich vor allem auf feuchten Böden und in halbschattigen Lagen besonders gut, so etwa im Uferbereich von Teichen.
In der Volksmedizin wird Pfennigkraut gegen Durchfall, Husten und schlecht heilende Wunden verabreicht. Aus Blättern und Blüten lässt sich dazu ein Tee bereiten.

Wald-Engelwurz *(Angelica sylvestris)*

Juli bis September *50 bis 200 Zentimeter*

Brustwurz, Pfiffenrohr, Spickrohr, Wundkraut, Läusekraut

Fundorte

An Ufern, Gräben, Wegrändern, auf Nasswiesen, in Berg- und Auwäldern.

Merkmale und Verwechslungsgefahr

Es handelt sich um eine große Staude mit rundem, hohlem, fein gerilltem und weiß bereiftem, aber sonst kahlem Stiel. Die großen Blätter bestehen aus einer starken Mittelrippe, die sich noch ein- oder sogar zweimal verzweigt und schließlich eiförmige bis längliche, am Rand gesägte Fiederblättchen trägt – man spricht hierbei von mehrfach gefiederten Blättern. Der Blattansatz wird am Stiel von bauchigen Blattscheiden umhüllt. Die weißen bis rötlichen Blütendolden mit teils bis zu 40 Einzelblüten zeichnet eine hübsche Kugelform aus. Alle Pflanzenteile, vor allem aber die Früchte, duften angenehm, wenn man sie zwischen den Fingern reibt. Eine Verwechslungsgefahr besteht mit dem Wiesen-Bärenklau

(Heracleum sphondylium), dessen Stängel und Blätter jedoch borstig behaart sind. Die Pflanze ist ebenfalls essbar.

Vorsicht ist beim Wald-Engelwurz allerdings insofern geboten, dass Hautkontakt (wie beim Wiesen-Bärenklau) zu allergischen Reaktionen führen kann.

Was wird gesammelt?

Triebe und Blätter vor der Blüte sowie Blütenknospen, Blüten und Wurzeln, die zwischen September und März ausgegraben werden können.

Inhaltsstoffe und Geschmack

Ätherisches Öl, Bitterstoffe, Gerbstoffe und Harz. Der Geschmack ist süßlich und erinnert an Fenchel und Lakritz.

Verwendung

Die jungen Triebe und Blätter sowie geschälte Blattstängel können roh in Salate, Suppen und Gemüsegerichte geschnitten werden. Sie lassen sich auch kandieren und süß servieren. Blütenknospen und Blüten lassen sich roh essen oder braten, und man kann mit ihnen andere Speisen aromatisieren. Auch die Wurzel wird roh sowie gekocht zum leckeren Gemüse.

Engelwurzstäbchen zum Naschen: Kochen Sie einen **halben Liter Wasser, 200 Gramm Zucker** *und den* **Saft einer Zitrone** *zu einem Sirup ein. Dann kommen* **250 Gramm Engelwurz** *(junge Triebe und/oder geschälte Blattstängel, die in Stäbchen geschnitten wurden) dazu und werden einige Minuten im Sirup gekocht. Schließlich verteilen Sie die Stäbchen auf einem Backblech, bestäuben sie mit Puderzucker und lassen sie im Backofen circa eine Stunde lang bei 80 Grad trocknen.*

Wissenswertes, Anekdoten

Die Pflanze kann beim Sammeln allergische Reaktionen der Haut auslösen. Dafür verantwortlich sind sogenannte Furocumarine, auf die die Haut in Verbindung mit Sonnenlicht manchmal empfindlich reagiert. Daher sollte man bei der Ernte Handschuhe und langärmelige Kleidung tragen.

Wasser-Minze *(Mentha aquatica)*

Juli bis Oktober *20 bis 90 Zentimeter*

Rotmünz, Bachminze, Krötenbalsam, Wantzenkraut, Kusskruut

Fundorte

An Gräben, Uferböschungen, in Flachmooren und auf nassen Wiesen.

Merkmale und Verwechslungsgefahr

Der Stängel ist kantig, rötlich überlaufen und behaart. Die Blätter sind eiförmig bis zu 8 Zentimeter lang, am Rand gesägt, und sie verströmen bei Berührung den typischen Minzegeruch. Die kugeligen Blütenstände in den Blattachseln und an der Stängelspitze sind ein gutes Unterscheidungsmerkmal zu anderen Minzen, die bis auf eine Ausnahme ebenso als Gewürz genutzt werden können.

Nur die leicht giftige, aber deutlich kleinere Polei-Minze (Mentha pulegium) *sollte man unterscheiden können. Ihre Blüten entspringen wie bei der Acker-Minze* (Mentha arvensis) *nur in den Blattachseln. Ihre Blätter sind nicht länger als 2 Zentimeter.*

Was wird gesammelt?

Blätter und Blüten.

Inhaltsstoffe und Geschmack

Ätherische Öle und Gerbstoffe.

Verwendung

Blätter und Blüten eignen sich gut zum Aromatisieren von Salaten, Soßen, Kaltgetränken und Süßspeisen.

Auch einem orientalischen Salat verleiht Minze den gewissen Pfiff: Bereiten Sie **250 Gramm Bulgur** *nach Packungsanweisung zu. Dann geben Sie* **1 Bund Frühlingszwiebeln, glatte Petersilie, frische Minze** *und* **1 Fleischtomate** *– alles fein gehackt – dazu. Vermengen Sie alles gut und übergießen Sie das Ganze mit einer Sauce aus* **Olivenöl, Zitronensaft, Salz** *und* **Pfeffer.** *Auch ein leichter Dip zu Gegrilltem lässt sich schnell zubereiten: Man vermischt* **Joghurt** *mit gehackter Minze, zerdrücktem* **Knoblauch** *und etwas* **Salz.**

Wissenswertes, Anekdoten

Die verschiedenen Minzearten kreuzen sich ohne Zutun des Menschen leicht untereinander. So entstand vor einigen Hundert Jahren spontan die Pfefferminze *(Mentha piperita)* durch die Kreuzung der Wasserminze mit Grüner Minze *(Mentha spicata),* die in Frankreich und Norditalien heimisch ist. Es stellt sich daher natürlich die Frage, ob man eine Minze wild sammeln oder besser zu Hause in einen Blumentopf oder ins Beet pflanzen möchte. Die Auswahl in Gärtnereien ist riesig. Es gibt mindestens 50 verschiedene Sorten. Wichtig ist es, darauf zu achten, dass sich die Minze nicht frei ausbreiten kann – denn davon macht sie hemmungslos Gebrauch. Im Beet sollte man den Platz begrenzen, indem man das Pflanzloch mit einer Wurzelsperre auskleidet (siehe Seite 240) oder die Pflanze in einen großen Topf ohne Boden setzt, den man bis zur Oberkante im Boden versenkt.

Bekannt ist ist die heilungsfördernde Wirkung der Minze: Ein Tee beruhigt den Magen und lindert Übelkeit. Insektenstiche werden erträglicher, wenn man den Saft eines frischen Minzeblattes auf die betroffene Hautstelle aufträgt.

Wiesen-Knöterich

(Polygonum bistorta oder *Bistorta officinalis)*

April bis Juni *20 bis 50 Zentimeter*

Schlangenknöterich, Natternknöterich, Natternzunge, Lämmerschwanz, Fleischblume, Froschblatt, Kehrwiederwurzel, Blutwurz

Fundorte

Auf feuchten Wiesen, an Bach- und Grabenrändern, feuchten Stellen im Wald, in Auenwäldern.

Merkmale und Verwechslungsgefahr

Die Pflanze wächst aufrecht, der Stängel ist unverzweigt, die unteren Blätter haben lange, flügelartige Stiele. Die Form der Blätter ist länglich-eiförmig und spitz zulaufend. Die Ränder sind leicht gewellt, die Blattoberseite leuchtet hellgrün, die Unterseite graugrün. Die knapp fünf Millimeter langen Blütenköpfe setzen sich aus einer dichten walzenförmigen Ähre zusammen.

Da die einzelnen Knöterich-Arten nicht ganz leicht auseinanderzuhalten sind, besteht durchaus Verwechslungsgefahr. Allerdings ist dies nicht problematisch, da kein Knöterich giftig ist. Vielmehr wurden immer schon auch eine Reihe anderer Arten gegessen.

Was wird gesammelt?

Blätter, Wurzel und Samen.

Inhaltsstoffe und Geschmack

Gerbstoffe, das Alkaloid Emodin, Vitamin C, Stärke, organische Säuren, unter anderem Oxalsäure (siehe Seite 235). Die Blätter schmecken säuerlich und etwas nach Tannin.

Verwendung

Die jungen Blätter lassen sich gut zu Salat und die älteren auch wie Spinat verarbeiten. Die Pflanze liefert das Jahr über reichlich Nachschub von diesem Wildgemüse.
Die Wurzel enthält Stärke, aber auch viel Gerbstoffe, sodass sie nur gegessen werden kann, wenn man sie in Stücke schneidet und diese über Nacht in Wasser einlegt. Danach bereitet man sie wie ein Wurzelgemüse zu, etwa als Teil einer Suppe oder als Auflauf mit Käse überbacken.
Die Samen kann man roh essen oder aussäen, um nach ein paar Tagen Keimsprossen zu ernten.

Wissenswertes, Anekdoten

Die Namen Schlangen- und Natternknöterich beziehen sich auf die Form des gewundenen Wurzelstocks. Auch die botanische Bezeichnung Bistorta – das heißt übersetzt „zweimal gedreht“ – leitet sich davon ab.
Der Pflanze wurden früher Zauberkräfte zugeschrieben. Gaben die Kühe zum Beispiel nicht mehr ausreichend Milch, glaubte man, sie seien verhext worden. Der Wiesen-Knöterich sollte helfen, diesen Fluch rückgängig zu machen – daher rührt der Name Kehrwiederwurzel.

Wiesen-Schaumkraut

(Cardamine pratensis)

April bis Juni *10 bis 50 Zentimeter*

Buttermilchblume, Kännchensblume, Himmelsleiterle, Kuckuckskraut, Grießblume, Marienblume, Wiesenkresse

Fundorte

Auf feuchten Wiesen, Waldlichtungen, an Bachufern und Gräben. Die Pflanze bevorzugt feuchte, schwere Böden. Sie kommt auch auf torfhaltigen Moorböden vor.

Merkmale und Verwechslungsgefahr

Die Pflanze bildet eine Grundrosette aus gefiederten Blättern mit bis zu sieben rundlichen Fiederpaaren. Das letzte Fiederblatt an der Spitze ist das größte. Reibt man die Blätter zwischen den Fingern, verströmen sie einen kresseartig scharfen Geruch. Die Stängel besitzen Fiederblätter mit bis zu fünfzehn schmalen Blattfiedern. Der Stängel ist hohl. An seiner Spitze und aus den oberen Blattachseln entspringen die Blüten. Sie können weiß, rosa oder blasslila gefärbt sein. Die Blütenfarbe schließt eine Verwechslung mit anderen Schaumkräutern aus, die ohnehin unproblematisch wäre, weil die anderen Arten ebenfalls harmlos sind.

Was wird gesammelt?
Junge Blätter, Blütenknospen und Blüten.

Inhaltsstoffe und Geschmack
Senfölglykoside, Bitterstoffe, viel Vitamin C und Mineralstoffe. Der Geschmack ist scharf und etwas bitter.

Verwendung
Junge Blätter und Blütenknospen können in geringen Mengen Salaten, Saucen und Suppen beigemischt werden. Die Blüten sind eine hübsche Zierde, die ebenfalls eine gewisse Schärfe besitzt.

Für eine Wiesen-Schaumkraut-Suppe schneiden Sie **100 Gramm Wiesenschaumkraut-Blätter** *klein. Dann schälen und würfeln Sie* **200 Gramm Kartoffeln.** *Erhitzen Sie* **20 Gramm Butter** *in einem Topf und dünsten Sie das Wiesen-Schaumkraut darin an, dann geben Sie die Kartoffeln und 1½ Liter Wasser dazu. Zum Schluss wird die Suppe mit* **Salz** *abgeschmeckt.*

Wissenswertes, Anekdoten
An den Stängeln des Wiesen-Schaumkrauts saugen die Larven der Schaumzikade. Sie sind hellgrün, etwa läusegroß und schlürfen den Zuckersaft. Gegen Feinde schützen sich die Larven unter einer schaumig aufgequollenen Speichelmasse, die an den Pflanzen klebt und auch Kuckucksspeichel genannt wird. Daher hat die Pflanze ihren deutschen Namen bekommen.
Der botanische Name leitet sich vom griechischen Wort „kardamom" ab. So hieß in der Antike eine ähnliche Pflanze mit scharfem Geschmack. Heutzutage versteht man unter Kardamom eine mit dem Ingwer verwandte Pflanze aus den Tropen, deren Fruchtkapseln die scharf schmeckenden Samen enthalten.

Sträucher
und Bäume

Eberesche *(Sorbus aucuparia)*

Mai bis Juni *3 bis 15 Meter*

Vogelbeere, Quitsche, Stinkholz, Flötenhuolt

Fundorte

An Waldrändern, in lichten Laubwäldern, Parkanlagen und auf Kahlschlägen. Die Pflanze stellt an den Boden keine hohen Ansprüche.

Merkmale und Verwechslungsgefahr

Typisch sind die gefiederten Blätter des kleinen Baums, die auf den ersten Blick denen der mächtigen Esche *(Fraxinus excelsior)* ähnlich sehen. Die fünf bis sieben Fiederpaare sind jedoch schmaler, nicht so groß wie die der Esche und gleichmäßig gesägt. Die tellerförmigen Doldenrispen duften streng. Die orange- bis korallenroten Früchte sind erbsengroß.

Blüte und Laub sind ähnlich wie die vom Speierling *(Sorbus domestica)*, dessen Fiederblätter jedoch nur in der oberen Hälfte gesägt sind. Seine gelbbraunen, birnenförmigen Früchte sind ebenfalls genießbar und lecker, wenn sie vollreif geerntet werden.

Was wird gesammelt?

Früchte. Sie färben sich oft schon im August rot, sollen jedoch erst im Oktober geerntet werden.

Inhaltsstoffe und Geschmack

Früchte: Parasorbin-, Zitronen- und Äpfelsäure, Gerbstoffe, Sorbit, Pektin, Karotinoide, Vitamin C sowie Provitamin A. Die Eberesche wird auch als die „Zitrone des Nordens" bezeichnet. Die Früchte schmecken bitter-sauer.

Verwendung

Den Beeren sollten zunächst die Bitterstoffe entzogen werden. Dazu legt man sie 48 Stunden in ein Essigbad, das aus einem Drittel Essig und zwei Dritteln Wasser besteht. Anschließend können die Beeren zu Kompott, Konfitüre und Gelee einkocht werden.

In Norwegen wird ein Vogelbeer-Kompott zu Wild- und Geflügelgerichten gereicht. Dazu vermischen Sie **700 Gramm Beeren** *mit* **400 Gramm Zucker** *und lassen alles zwei Stunden stehen. In der Zwischenzeit reiben Sie* **300 Gramm Möhren** *und vermischen diese mit dem* **Saft einer Zitrone.** *Danach lassen Sie alles zusammen mit den Beeren etwa 20 Minuten auf kleiner Flamme kochen. Füllen Sie das Kompott anschließend in Gläser und verschließen Sie diese gut. Auch für die Zubereitung von Konfitüre empfiehlt sich eine Zutatenmischung, zum Beispiel mit Äpfeln und Birnen.*

Wissenswertes, Anekdoten

Vielen mag es noch aus Kindertagen in den Ohren klingen, dass die Früchte der Eberesche hochgiftig seien. Dem ist nicht so. Die Früchte sollten allerdings roh nicht in größeren Mengen genossen werden. Sie enthalten Parasorbinsäure, die Durchfall und Erbrechen hervorrufen kann und erst beim Kochen zu Sorbinsäure umgewandelt wird.
Die Mährische Eberesche *(Sorbus aucuparia,* Sorte 'Edulis' oder *Sorbus aucuparia var. moravica)* ist parasorbinsäurefrei. Ihre großen roten Beeren lassen sich daher roh verzehren, sie müssen auch vor der weiteren Verarbeitung nicht erst bitterstofffrei gemacht werden.

Echte Brombeere *(Rubus fruticosus)*

Mai bis August *1 bis 3 Meter*

Brummelbeere, Dornlaub, Kratzbeere, Hirschbollen, Heckenbeere

Fundorte

In Gebüschen, Hecken und Gärten sowie an Waldrändern, Böschungen, auf Lichtungen und Trockenrasen. Im Garten bevorzugen die Pflanzen einen halbschattigen Standort mit lockerem, humosem Boden.

Merkmale und Verwechslungsgefahr

Die Pflanzen entwickeln vielfach ein undurchdringliches Gestrüpp. Ihre kantigen, mit starken Stacheln versehenen Triebe färben sich an der Sonnenseite violettrot. Sobald sie den Boden berühren, entstehen Wurzeln. Im ersten Jahr wachsen lange Ruten, die erst im Folgejahr an kurzen Seitentrieben Blüten und Früchte bilden. Die an den Rippen mit kleinen Stacheln bewehrten Blätter setzen sich aus drei bis fünf eiförmigen, spitz zulaufenden Einzelblättern zusammen, die am Rande gesägt sind. Ihre Oberseite ist grün, die Unterseite grün bis weißfilzig.

Die Früchte glänzen schwarz und schmecken süß-säuerlich. Der Formenreichtum der Echten Brombeere ist groß, sodass auch ihr Aussehen leicht variiert.
Ähnlich ist die Kratzbeere *(Rubus caesius)* mit blau bis weißlichblau bereiften Früchten, die ebenfalls essbar sind, aber fade schmecken. Ihre Triebe sind auffallend hellgrün und ebenfalls oft blau bereift, jedoch nicht rotviolett gefärbt. Die Blätter bestehen nur aus drei hellgrünen Blattfiedern.

Was wird gesammelt?

Junge Triebe, Einzelblättchen, Blüten und Früchte.

Inhaltsstoffe und Geschmack

Gerbstoffe, Flavonoide, Fruchtsäuren und Vitamin C. Der Geschmack ist aromatisch und fein-herb.

Verwendung

Junge Blätter werden klein geschnitten und Salaten sowie Spinat untergemischt. Blüten und ältere Blätter dienen getrocknet als Grundlage für Tees. Die rohen Früchte lassen sich gut naschen sowie zu Saft, Konfitüre und Kompott verarbeiten. Blanchieren Sie die im Frühjahr gesammelten jungen Brombeersprossen dreimal kurz. So lässt sich der Tanningeschmack (Tannin ist ein Gerbstoff) abmildern. Danach können Sie die Sprossen zum Beispiel in Kräuteressig oder Öl einlegen. Man kann sie dann einfach so essen oder weiterverarbeiten.

Wissenswertes, Anekdoten

In der Naturheilkunde schreibt man einem Tee aus getrockneten Blättern aufgrund des hohen Gerbstoffgehalts eine gute Wirkung gegen Durchfall zu.
Zudem soll er blutreinigend wirken und bei Entzündungen im Mund- und Rachenraum helfen.

Eingriffliger Weißdorn

(Crataegus monogyna)

Mai bis Juni *2 bis 8 Meter*

Dornstrauch, Knickdorn, Hagedorn, Mehlbeer, Schmellekes, Geißlaub, Hirschdorn, Christdorn, Himmelbrot

Fundorte

In Laub- und Nadelmischwäldern, Hecken, an Waldrändern, Fels- und Trockenhängen.

Merkmale und Verwechslungsgefahr

Typisch sind die bis zu 3 Zentimeter langen, kräftigen, spitzen Dornen, die aus der grauen Rinde der Zweige herausragen. Die stumpfgrünen Blätter schimmern an der Unterseite bläulich oder milchig. Sie haben eine Rautenform, bestehen aus drei bis sieben Lappen und sind teils bis zur Blattmittelrippe eingeschnitten. Die großen Dolden mit Blüten, in denen ein Griffel von roten Staubgefäßen umringt ist, duften etwas streng, da sie von Insekten bestäubt werden. Die dunkelroten Früchte sind kugelrund und enthalten nur einen Kern. Darin unterscheidet sich die Pflanze von dem sonst sehr ähnlichen Zweigriffligem Weißdorn *(Crataegus laevigata)*, der zwei Kerne pro Frucht enthält. Eine mögliche Verwechslung spielt aber keine Rolle, da beide Arten identisch verwendet werden können.

Was wird gesammelt?

Blätter, Blütenknospen, Blüten und Früchte.

Inhaltsstoffe und Geschmack

Früchte: Vitamin C, Flavonoide, Proanthocyanidine. Blätter und Blüten: Flavonoide, Proanthocyanidine, Azetylcholin, Phenolcarbonsäure, Sterole und Gerbstoffe. Das Aroma der Blätter erinnert an Mandeln, das der Blüten an Fisch. Die mehligen Früchte schmecken süß-säuerlich.

Verwendung

Die jungen Blätter und Blütenknospen können in Salate gemischt werden. Die Früchte kann man kochen und passieren, um so Haut und Kerne zu entfernen. Das Mus lässt sich mit anderen Früchten zu Kompott und Konfitüre mischen. Getrocknete Früchte werden als Tee aufgebrüht oder gemahlen, um Getreidemehl zu strecken.

Sie können aus den Blüten, so Jean-Marie Dumaine, (siehe Seite 12) folgende Sauce zubereiten, die gut zu allen Fischgerichten passt. Dazu karamellisieren Sie **2 Esslöffel Zucker** *in einem angefeuchteten Topf und geben anschließend* **4 Handvoll Weißdornblüten, 500 Milliliter Milch** *und* **200 Milliliter Sahne** *dazu. Lassen Sie alles zusammen aufkochen. Anschließend pürieren Sie das Ganze, streichen es durch ein Sieb und erhitzen alles erneut in einem Topf. Lösen Sie währenddessen* **1 Teelöffel Speisestärke** *in kaltem Wasser auf. Rühren Sie die Stärke sowie* **50 Gramm Butter** *in Stücken und* **1 Esslöffel Zitronensaft** *unter. Zum Schluss mit* **Salz** *abschmecken.*

Wissenswertes, Anekdoten

Weißdorn unterstützt, so die Volksheilkunde, die Herzfunktion – ein Tee aus Blüten, Blättern und Beeren soll der allgemeinen Kräftigung des Herzens dienen.

Felsenbirne *(Amelanchier ovalis)*

April bis Juni *100 bis 300 Zentimeter*

Rosinenbaum, Junibeere, Edelweißbaum

Fundorte

Felsige Hänge, Waldränder, Parks und Gärten. Der Strauch wächst überwiegend in der Sonne, verträgt aber auch leichten Schatten.

Merkmale und Verwechslungsgefahr

Reich verzweigter Strauch oder kleiner Baum. Die eiförmigen Blätter sind fein gezähnt, an der Unterseite teils filzig behaart und oberseits dunkelgrün und kahl. Die weißen Blüten erscheinen vor dem Laub. Die reife Frucht ist eine blauschwarzbereifte, erbsengroße Beere. In Gärten und Parks findet man vor allem die Kupfer-Felsenbirne *(Amelanchier lamarckii),* deren Früchte eben so lecker sind. Verwechselt werden dürfen die Früchte nicht mit denen des giftigen Faulbaums *(Frangula alnus bzw. Rhamnus frangula),* dessen eiförmigen Blätter einen glatten Rand aufweisen, also nicht gezähnt sind.

Was wird gesammelt?

Früchte ab Juli.

Inhaltsstoffe und Geschmack

Zucker, Pektin, Gerbstoffe, Flavonoide und dunkelrote Anthocyane, Vitamin C, Kalium, Zink. Die Früchte schmecken süß wie Rosinen.

Verwendung

Die Früchte können roh vom Strauch genascht sowie zu Kompott und Konfitüren verarbeitet werden. Nach der Reife im Juli werden sie von Woche zu Woche süßer. Man kann sie auch trocknen und als Rosinenersatz zum Beispiel ins Müsli mischen.

Wissenswertes und Anekdoten

Die Felsenbirne wächst als Pioniergehölz auf ungünstigen Standorten. Da sie mit Blütenfülle, zierlichem Wuchs und schöner Herbstfärbung begeistert, ist sie auch für private Gärten sehr zu empfehlen.

Gewöhnliche Berberitze

(Berberis vulgaris)

April bis Juni *1 bis 3 Meter*

Sauerdorn, Spitzbeere, Weinflassel, Saurich, Essigträuble, Bettler-Chrut, Gelbeeren, Farbholz, Gäälsuchtsdorn, Heckensauerampfer

Fundorte

An Waldrändern, Lichtungen sowie in Gebüschsäumen.

Merkmale und Verwechslungsgefahr

Die schlanken Zweige sind überwiegend mit dreiteiligen langen Dornen besetzt. Das Holz ist im Querschnitt gelb. Die graugrünen eiförmigen Blätter laufen spitz zu und sind am Rand stachelig gesägt. Sie stehen büschelweise an Kurztrieben, die in den Achseln der Dornen entspringen. Die gelben hängenden Blütentrauben duften süß. Die walzenförmigen, etwa einen Zentimeter langen Beeren glänzen rot.

Was wird gesammelt?

Blätter und reife Früchte.

Inhaltsstoffe und Geschmack

Karotinoide, Zitronen-, Wein-, Äpfel-, und Oxalsäure (siehe auch Seite 235), Zucker, Pektin und Vitamin C. Die Beeren schmecken säuerlich, die Blätter ähnlich wie Sauerampfer.

Verwendung

Die jungen Blätter können in kleinen Mengen Salaten und Suppen beigemischt werden. Die Beeren verarbeitet man am besten, wenn sie einmal durchgefroren waren. Haben sie draußen noch keinen Frost bekommen, legt man sie für acht Stunden ins Gefrierfach. Es lassen sich Saucen, Mus, Saft und Gelee daraus machen.

Für Konfitüre vermischen Sie **1 Kilo Beeren** *mit* **300 Gramm Zucker.** *Darin lassen Sie sie zwei Stunden lang ziehen und kochen dann alles zu Konfitüre ein. Das Aroma gewinnt noch, wenn Sie die Früchte mit süßerem Obst vermischt, zum Beispiel mit Äpfeln oder Birnen, verarbeiten.*

Wissenswertes, Anekdoten

Der aus Rinde und Wurzel gewonnene giftige Farbstoff Berberin wurde in früheren Zeiten zum Gelbfärben verwendet. Auch wurde das gelbe Holz für Intarsienarbeiten sehr geschätzt.

Biologen demonstrieren an den Blüten gerne einen Reizmechanismus, der normalerweise von Insekten ausgelöst wird. Berühren diese nach ihrer Landung die Staubblätter, klappen sie um, reißen auf und bepudern das Insekt mit Pollen. Diese Reaktion kann man auch mit einem Bleistift oder Grashalm auslösen.

Berberitzen besitzen eine antibakterielle Wirkung und helfen bei Gallen- und Leberbeschwerden. Ferner bestätigen aktuelle Studien, dass sie dazu beitragen, den Blutzucker- sowie den Cholesterinwert zu senken.

Gewöhnliche Fichte

(Picea abies oder *Picea excelsa)*

April bis Mai *25 bis 60 Meter*

Rottanne, Danenbooem, Kreuztanne, Harztann, Fichttanne, Grann, Daxen, Stachelbaam

Fundorte

In Nadel- und Laubmischwäldern, vor allem auch im Mittelgebirge.

Merkmale und Verwechslungsgefahr

Typisch sind die rötlich-braunen bis rötlich-gelben, rauen Zweige, die mit kleinen Höckern besetzt sind, auf denen die Nadeln sitzen. Die Nadeln sind spitz, im Querschnitt vierkantig und rundherum um die Zweige angeordnet. Nur an schattigen Standorten kann die Ordnung der Nadeln am Zweig auch einen Scheitel zeigen.
Verwechselt wird die Fichte manchmal mit der Weißtanne *(Abies alba),* obgleich die Nadeln sich deutlich unterscheiden. Die der Tanne sind an der Oberseite glänzend dunkelgrün, an der Unterseite tragen sie jedoch zwei weiße Wachsstreifen. Ihre Form ist flach, ihre Spitzen sind abgerundet, mehr oder weniger gekerbt und ihr Stand an den Zweigen zeigt einen

deutlichen Scheitel. Eine Verwechslung wäre nicht tragisch, da die Weißtanne ebenso zu verwerten ist wie die Fichte.

❗ *Schlimm wäre eine Verwechslung mit der in fast allen Teilen giftigen Eibe* (Taxus baccata). *Diese ist deutlich an ihren spitzen, weichen, schwarzgrünen Nadeln zu erkennen, die an der Unterseite zwei hellgrüne Streifen zeigen.*

Was wird gesammelt?

Triebspitzen, Zapfen, Blütenknospen und Nadeln.

Inhaltsstoffe und Geschmack

Ätherisches Öl, Balsam und Harz, vor allem Terpentin mit dem flüchtigen Pinen, Harze, Vitamin C, Zucker und Gerbstoffe.
Der Geschmack der jungen Triebspitzen ist säuerlich und erinnert an das Aroma von Zitronen.

Verwendung

Die jungen Triebspitzen kann man beispielsweise während eines Spaziergangs roh naschen, sofern man sicher ist, dass die Bäume nicht gespritzt wurden. Ebenso lecker sind sie in Salaten, wo sie sogar den Essig ersetzen können. Und sie eignen sich als Gewürz, insbesondere für Fischgerichte. Man kann die jungen Triebspitzen anstelle von Pinienkernen für ein Pesto nutzen. Ältere Nadeln taugen nur zur Teebereitung. Röstet man die jungen Zapfen in der Pfanne an, kann man sie mit Zucker bestreut knabbern.

Zu den besonderen Delikatessen zählt ein Sirup aus Fichtennadeln. Dazu schichten Sie junge **Fichtentriebe** *und* **Zucker** *– jeweils 500 Gramm – abwechselnd in dünnen Lagen auf und stellen das Ganze etwa drei Wochen an einen warmen Ort, sodass sich der Zucker auflösen kann. Anschließend gießen Sie den Sirup durch ein grobes (Baumwoll-)Tuch und füllen ihn in Flaschen ab.*

Wissenswertes, Anekdoten

Atemwegserkrankungen werden durch das Inhalieren mit Fichtennadeln gelindert.

Gewöhnlicher Wacholder

(Juniperus communis)

April bis Mai *1 bis 3 Meter*

Jachandel, Macholder, Queckholder, Quackel, Reckholder, Kraniewitt, Krammet, Knisterbusch, Rökkrut, Fiwerbusch

Fundorte

Auf Heideflächen, Magerrasen, Sandfluren, in lichten Laub- und Nadelmischwäldern und an sonnigen Waldrändern.

Merkmale und Verwechslungsgefahr

Typisch ist die Säulenform dieses immergrünen, stacheligen Strauches. Die circa 1 Zentimeter langen Nadeln spreizen sich jeweils zu dritt in Quirlen fast waagerecht von den Zweigen ab. Sie zeigen auf der Oberseite einen bläulichweißen Wachsstreifen. Die eher unscheinbaren männlichen und weiblichen Blüten sitzen auf unterschiedlichen Pflanzen. Nur aus den weiblichen Blüten entwickeln sich die beerenförmigen, schwarzbraunen, bläulich bereiften Zapfen. Sie werden erst im zweiten Jahr reif.

❗ *In Gebirgslagen wächst der Stinkende Wacholder* (Juniperus sabina), *dessen Nadeln und Früchte giftig sind. Die ganze Pflanze riecht unangenehm. Die älteren Nadeln sind schuppenförmig, nur die jüngeren können mit denen des Gewöhnlichen Wacholders verwechselt werden. Im Unterschied zu diesem sind sie jedoch sehr kurz (nur etwa 3 Millimeter lang).*

Was wird gesammelt?

Junge Triebspitzen, Nadeln und Beeren. Die Beeren lassen sich am besten im Oktober vom Strauch schütteln. Dazu legt man ein Tuch oder eine Folie unter die Zweige.

Inhaltsstoffe und Geschmack

Gerbstoffe, Flavonoide, ätherisches Öl, Glukose und Fruktose. Die Beeren schmecken etwas nach Pinienkernen.

Verwendung

Die zarten Triebe sind eine leckere Zutat zu Salaten. Es lässt sich auch Sirup aus ihnen herstellen. Die älteren Nadeln und Triebe werden als Tee aufgegossen.
Getrocknete Wacholderbeeren sind das klassische Gewürz für Sauerkrautgerichte. Sie geben auch Getreide- und Gemüsespeisen ein angenehmes Aroma. Aus den Beeren wird Gin destilliert.

Wissenswertes, Anekdoten

Eine alte Volksweisheit drückt die Hochschätzung vor dem Strauch so aus: „Vor dem Holunder zieh den Hut, vor dem Wacholder geh in die Knie."
Am besten bereitet man einen Tee aus 20 Beeren, die leicht zerquetscht und mit einem Viertelliter kochendem Wasser überbrüht werden. Dies lässt man dann fünf Minuten lang durchziehen. Er soll die Durchblutung der Nieren fördern und harntreibend wirken. In der Naturheilkunde dient der Tee dazu, Nieren und Blase durchzuspülen. Zudem regt er die Verdauung an.

Hänge-Birke

(Betula pendula oder Betula verrucosa)

März bis April *18 bis 30 Meter*

Sandbirke, Warzen-Birke, Weißholz, Riesboom, Beesenreis, Hexenbirke, Haarbirke, Maibaum

Fundorte

In lichten Laub- und Nadelholzmischwäldern sowie auf Heide-, Moor- und Brachflächen.

Merkmale und Verwechslungsgefahr

Typisch für den schlanken Baum sind die grauen bis schwarzbraunen jungen Triebe, die dicht mit warzigen Harzdrüsen besetzt sind. Später wird die Rinde weiß mit schwarzborkigen Rissen. Auch Verletzungen werden stets mit schwarzer Borke überwallt. Die dreieckigen zugespitzten Blätter sind grob gesägt. Meist schon vor den Blättern erscheinen die grüngelben Kätzchen, die bis zu 5 Zentimeter lang werden.

Sehr ähnlich ist die Moor-Birke *(Betula pubescens)*, deren Blätter rundlicher und nicht so zugespitzt sind und deren Rinde nicht hell ist und kaum schwarze Borke aufweist. Medizinisch haben beide Birkenarten die gleiche Bedeutung.

Was wird gesammelt?

Blätter und Knospen.

Inhaltsstoffe und Geschmack

Flavonoide, Saponine, ätherisches Öl, Harze, Gerb- und Bitterstoffe, Salizylsäure, Vitamin C, Kalium und Kalzium. Die jungen Blätter schmecken mild. Sie besitzen keine auffälligen Geschmacksnoten.

Verwendung

Junge Blätter sowie die Knospen bereichern Frühjahrssalate und können mit anderem Wildgemüse zusammen gekocht werden.

Wissenswertes, Anekdoten

Ein Tee aus Birkenblättern regt die Nierenfunktion an und führt zu vermehrter Harnausscheidung. Er unterstützt die Entschlackung und aktiviert den Stoffwechsel.
Ötzi, der Jäger aus der Jungsteinzeit, der im September 1991 als Gletschermumie in den Ötztaler Alpen gefunden wurde, trug einen gut erhaltenen Köcher aus Birkenrinde bei sich. Betulinsäure macht die Rinde überaus haltbar und wasserundurchlässig.
Ötzis Zeitgenossen fertigten aus der Rinde Schachteln, Körbe, Schuhe und andere Kleidungsstücke. Man gewann aus der Rinde auch das Juchtenöl, das Leder geschmeidig und wohlriechend macht. Und man schabte die zarte Innenrinde, die sogenannte innere Kambiumschicht, von den Bäumen ab. Sie lieferte damals ein an Vitamin-C reiches Nahrungsmittel.

Haselnuss *(Corylus avellana)*

Februar bis April ***3 bis 6 Meter***

Zellernuss, Klöterbusch, Hagelnuss, Lemmerkens

Fundorte

In Laubmischwäldern, Hecken, an Waldrändern, Wegen, Böschungen und im Unterwuchs. Die Pflanze ist anspruchslos. Sie verträgt Sonne und Schatten sowie trockene und feuchte Böden.

Merkmale und Verwechslungsgefahr

Die Haselnuss wächst zu einem großen Strauch heran, der im Alter eine schirmförmige Gestalt annimmt. Typisch sind ihre großen herzförmigen, leicht zugespitzten und am Rande gezähnten Blätter, die nach dem Austrieb im Frühjahr von weichen Haaren überzogen sind. Die männlichen Blüten hängen in auffälligen gelben Kätzchen von den Ästen herab, bevor das Laub austreibt. Die weiblichen braungrünen Blüten haben eine Knospenform, aus denen die reizvollen dunkelroten Narben ragen. Sie fallen jedoch kaum auf. Aus ihnen werden die Nüsse, die mit harter, holziger Schale zu mehreren zusammenstehen.

Was wird gesammelt?

Junge Blätter und Nüsse. Die Nüsse werden geerntet, wenn sie sich verfärben. Anschließend lässt man sie an einem luftigen Ort trocknen und nachreifen.
Nüsse mit einem kleinen Loch in der Schale sind meist „taub", da sie von den Larven des Haselnussbohrers befallen und leer gefressen wurden.

Inhaltsstoffe und Geschmack

In den Blättern ätherisches Öl und Sitosterin. In den Nüssen Phytosterine, Salizylsäure, fettes Öl, Zucker, Eiweiß, Kalzium, Magnesium, Mangan, Silicium, Phosphor, die Mineralstoffe Kalium, die Vitamine B1, B2 und E sowie viele Spurenelemente.

Verwendung

Die jungen Blätter können in Salate gemischt oder mit anderen Wildkräutern wie Spinat oder als Suppe zubereitet werden.
Die Nüsse werden geknackt und dann geröstet, gehackt oder gemahlen. Mit ihnen können Sie Salate, Saucen, Süßspeisen, Brot, Gebäck und Kuchen verfeinern.

Wissenswertes, Anekdoten

Im Süden Englands findet man in den Gärten zum Teil noch größere Anpflanzungen mit Haselnusssträuchern, sogenannte Nutterys. Man nutzte und nutzt zum Teil heute noch deren schlanke unverzweigte Ruten als Reifen für Apfelweinfässer, Flechtzäune und Stecken, um Bohnen und Rosen daran anzubinden.
Im Herbst freut man sich über eine reiche Nussernte im eigenen Garten. Diese lässt sich noch verbessern, wenn spezielle, großfrüchtige Sorten ausgewählt werden. Dazu gehören zum Beispiel die Sorten 'Hallesche Riesen', 'Wunder von Bollweiler', 'Webbs Preisnuss' und 'Cosford'.

Heidelbeere *(Vaccinium myrtillus)*

Mai bis Juni *15 bis 50 Zentimeter*

Blaubeere, Schwarzbeere, Bickbeere, Eigelbeere, Waldbeerstaude

Fundorte

In Mooren, Laub- und Nadelwäldern. Die Pflanzen bevorzugen saure Böden und sie vertragen leichten Schatten.

Merkmale und Verwechslungsgefahr

Die Pflanze zählt zu den Halbsträuchern, weil nur die unteren Teile verholzen. Die grünen, kantigen Triebe verzweigen sich stark. Die eirunden, zugespitzten Blätter tragen einen kurzen Stiel und sind am Rand fein gesägt. Die grünen bis rötlichen Blüten fallen kaum auf. Die erbsengroßen Beeren färben sich im Laufe der Reife dunkelblau und sind bereift.

Was wird gesammelt?

Blüten, Früchte und Blätter.

Inhaltsstoffe und Geschmack

Gerbstoffe, Flavonoide, Pektin, Zucker, Fruchtsäuren, die Mineralstoffe Mangan und Chrom sowie die Vitamine A und C. In den Blättern finden sich noch Iridoide. Blüten und Blätter haben einen herben, bitteren Geschmack.

Verwendung

Die größte Bedeutung kommt den Früchten zu: Aus ihnen können Sie Konfitüre, Chutney, Kompott, Sirup und Suppe bereiten. Und sie eignen sich zum Aromatisieren von Spirituosen, Saucen, Eis, Pfannkuchen und Desserts. Aus Blättern und Blüten – frisch und getrocknet – lässt sich Tee bereiten.

Zur Saftherstellung kochen Sie **2 Kilo Früchte** *in* **400 Milliliter Wasser** *auf. Anschließend gießen Sie den Saft durch ein Baumwolltuch (zum Beispiel eine Stoffwindel) und vermischen ihn mit* **Zucker** *(300 Gramm auf 1 Liter Flüssigkeit) und* **2 Esslöffeln Zitronensaft.** *Das Ganze lassen Sie dann nochmals zehn Minuten köcheln. Besitzen Sie einen Dampfentsafter oder können Sie sich einfach einen leihen? Nutzen Sie ihn, denn er vereinfacht das Prozedere enorm.*

Wissenswertes, Anekdoten

Ein Tee soll aufgrund des hohen Gerbstoffgehalts der Pflanze gegen Durchfall helfen. In der Volksmedizin wird er auch gegen Entzündungen des Mund- und Rachenraums verabreicht.

Die auch heute noch gebräuchliche Bezeichnung Bickbeere verweist wohl darauf, dass die Früchte gerne von den Vögeln gegessen (bicken = altes Wort für picken, essen) wurden. Das Risiko, sich durch Tierkot an Waldfrüchten mit Eiern des Fuchsbandwurms zu infizieren, ist gering – aber möglich. Wer ganz sicher sein will, kocht die Beeren ab (siehe Seite 235). Für den Garten sind die Sorten 'Berkely' und 'Bluecrop' zu empfehlen. In das Pflanzloch sollte Torf gemischt werden.

Himbeere *(Rubus idaeus)*

Mai bis Juni *60 bis 150 Zentimeter*

Immenbeere, Hohlbeere, Schnitterbeer, Frambosen, Moolbeere

Fundorte

An Waldrändern, Gebüschsäumen und auf Lichtungen. Die Pflanze bevorzugt nährstoffreiche Böden und verträgt etwas Schatten.

Merkmale und Verwechslungsgefahr

Die mit feinen, etwa einen Millimeter langen, roten Stacheln besetzten Stängel wachsen rutenförmig und verzweigen sich überwiegend erst im oberen Drittel. Im ersten Jahr sprießen sie aus dem Boden, tragen aber erst im zweiten Jahr Früchte und sterben dann ab. Unterirdisch treiben sie zum Teil lange Ausläufer, die im Garten zur Plage werden können. Die Blätter setzen sich aus mindestens drei eiförmigen Einzelblättchen (= Fiederblättchen) zusammen, die am Rande gesägt, auf der Oberseite dunkelgrün und unterseits von einem feinen weißen Filz überzogen sind. Die Blütenstände bilden lockere Trauben, an denen später die roten Früchte hängen.

Was wird gesammelt?

Blätter, junge Triebe, Blüten und Früchte.

Inhaltsstoffe und Geschmack

Gerbstoffe, Flavonoide, die Mineralstoffe Kalium, Magnesium, Mangan und Eisen sowie organische Säuren, Zucker und die Vitamine C und E. Der Geschmack der Blätter ist apfelartig.

Verwendung

Die jungen Blätter können in Salate geschnitten und zusammen mit anderen Wildkräutern wie Spinat zubereitet werden. Getrocknet verwendet man die Blätter als Tee.
Die zarten jungen Triebe werden geschält und in der Pfanne gedünstet.
Die Blüten sind eine hübsche Dekoration, die mitgegessen werden kann.
Die Früchte lassen sich vielseitig verwenden: frisch in Salaten, gekocht als Kompott, Konfitüre, Saft und Sirup.

Unter Feinschmeckern ist in den letzten Jahren Himbeeressig beliebt geworden. Sie können ihn ganz einfach selbst herstellen. Dazu füllen Sie **130 Gramm frische Himbeeren** *in ein großes Schraubglas und übergießen sie mit* **einem halben Liter Rotweinessig.** *Gut verschlossen bleibt das Ganze zwei Wochen lang an einem kühlen, dunklen Ort, zum Beispiel im Keller, stehen. Wichtig ist, dass Sie das Glas in dieser Zeit mehrfach schütteln. Abschließend filtern Sie den Essig durch ein (Baumwoll-)Tuch und füllen ihn in Flaschen ab. Die Flaschen werden – wie Wein – liegend aufbewahrt.*

Wissenswertes, Anekdoten

Zu den leckersten und robustesten Sorten für den Garten gehören 'Meeker', 'Zefa 2', 'Rutrago' und die im Herbst tragende Sorte 'Korbfüller'.
In der Volksmedizin wird Tee aus Himbeerblättern ähnlich verwendet wie der von Brombeeren. Er soll bei Entzündungen in Mund- und Rachenraum sowie bei leichtem Durchfall helfen.

Hunds-Rose *(Rosa canina)*

Juni *1 bis 3 Meter*

Feldrose, Heckenrose, Stachelblümel, Klatschrose

Fundorte

An Waldrändern, Wegen, Gebüschsäumen und in Hecken. Die Pflanzen sind anspruchslos und gedeihen sogar noch in leichtem Schatten.

Merkmale und Verwechslungsgefahr

Typisch sind die kräftigen, hakenförmigen Stacheln an den aufrechten oder leicht überhängenden Zweigen. Die Blätter setzen sich aus fünf bis sieben eiförmigen Einzelblättchen (= Fiederblättchen) zusammen, die am Rand gezähnt sind. Am Blattstiel finden sich sichelförmige Stacheln. Die Blüten dieser sehr variantenreichen Rosenart können rosa, hellrosa oder weiß gefärbt sein. Die roten Früchte, die sogenannten Hagebutten, sind oval oder eiförmig. Auch die Hagebutten anderer Rosen, vor allem wild wachsender Arten, die man in unterschiedlichen Formen und Farben finden kann, sind genießbar.

Was wird gesammelt?
Blüten und Früchte.

Inhaltsstoffe und Geschmack
Blüten: Ätherisches Öl, Flavonoide sowie Gerb- und Bitterstoffe. Früchte: Anthocyanglykoside, Karotinoide, Eisen, Magnesium, Natrium, ätherisches Öl, Pektin, Lecithin, Vanillin, Fruchtsäuren und die Vitamine A, B, E und K sowie sehr viel Vitamin C. Der Geschmack der Früchte ähnelt dem von Aprikosen.

Verwendung
Mit den Blütenblättern können Salate und Desserts dekoriert werden. Man kann sie auch frisch in Pfannkuchenteig rühren oder zum Aromatisieren von Wein, Essig und Tee verwenden. Zum Kandieren werden sie in gezuckerten Eischnee getunkt. Anschließend müssen sie an der Luft trocknen.
Die Früchte werden reif geerntet, dann lässt man sie trocknen, um sie später als Tee aufzubrühen.

Möchten Sie Mus oder Konfitüre aus den Früchten *herstellen, so entfernen Sie von ihnen zunächst Stängel und Blütenreste. Dann halbieren Sie die Früchte und kratzen die Kerne heraus, um sie danach mit Wasser auszuspülen. Lassen Sie sie zwei Tage in einem Topf mit Wasser stehen. Kochen Sie dann die Früchte im Einweichwasser weich und streichen Sie sie schließlich durch ein feines Sieb. Dieses Mus vermischen Sie mit der halben Menge* Zucker, *zum Beispiel 250 Gramm Zucker auf 500 Gramm Mus, und kochen das Ganze bis zur Konfitürendicke ein.*

Wissenswertes, Anekdoten
Die Blüten aller Rosen sind essbar und heilsam, voraussetzt, die Pflanzen wurden nicht gespritzt. Für medizinische Zwecke werden allerdings nur alte Rosenarten verwendet wie Apotheker-Rosen *(Rosa gallica)* und Centifolien *(Rosa centifolia)* und Wildarten wie eben die Hunds-Rose.
Die Blüten bieten das meiste Aroma (das duftende ätherische Öl), wenn man sie voll erblüht an einem sonnigen Vormittag bis zehn Uhr erntet. Zum Trocknen breitet man sie an einem schattigen Ort, zum Beispiel in einem Korb oder einer Kiste, flach aus.

Kornelkirsche *(Cornus mas)*

Februar bis April *2 bis 6 Meter*

Herlitze, Dirlitze, Harthölzle, Kratzebeere, Pfeifenstrauch, Ruhrbeerstrauch, Fürwitzel, Hahnenhoden, Dirndlstrauch

Fundorte

In lichten Eichen- und Laubmischwäldern, Gebüschsäumen, Wildgehölzhecken und Parkanlagen. Der Strauch bevorzugt kalkhaltige Böden.

Merkmale und Verwechslungsgefahr

Typisch sind die jungen graugrünen Triebe. Das ältere Holz an den zu großen Sträuchern heranwachsenden Pflanzen trägt dagegen eine braunschuppige Rinde. Die kleinen, kugeligen Dolden blühen lange vor dem Laubaustrieb und duften zart. Die eiförmigen Blätter werden von bogenförmig zusammenlaufenden Adern durchzogen. Der Blattrand ist nur leicht gewellt. Die roten Früchte haben die Größe und Form von Oliven.

Was wird gesammelt?

Blüten, Blätter und Früchte.

Inhaltsstoffe und Geschmack

Früchte: Zucker, Gerbstoffe, Anthocyanglykoside, organische Säuren, Flavonoide sowie die Vitamine B, C und E. Der süß-saure Geschmack der reifen Früchte erinnert an eine Mischung aus Roten Johannisbeeren, Kirschen und Himbeeren.

Verwendung

Blätter und Blüten werden zu Tee verarbeitet, die Blüten zudem zum Aromatisieren genutzt.
Aus den Früchten lässt sich leckere Konfitüre kochen. Sie sind auch bestens für Gelee und Schnaps geeignet.

Kornelkirschen können Sie wie Oliven einlegen. Dazu füllen Sie **1 Kilo reife Früchte** *in Schraubgläser und übergießen sie mit einer Mischung aus* **einem halben Liter Rotweinessig, einigen Gewürznelken, 1 Teelöffel Senfkörner, 1 Teelöffel Wacholderbeeren, 1 Esslöffel Salz** *und* **1 Teelöffel Zucker.** *Sind die Früchte bedeckt, verschließen Sie die Gläser und deponieren Sie sie mindestens zwei Monate lang an einem kühlen Ort, damit die Früchte durchziehen können. Ebenso können Sie die Früchte in Öl einlegen.*

Wissenswertes, Anekdoten

Das Holz der Pflanze ist sehr hart. Darauf bezieht sich auch der botanische Name *Cornus,* der übersetzt Horn bedeutet. Die Früchte werden im Volksmund auch Dirndl genannt.
In der Volksmedizin setzt man Früchte und Rinde als fiebersenkendes und adstringierendes Mittel ein.

Preiselbeere *(Vaccinium vitis idaea)*

Mai bis Juli *5 bis 30 Zentimeter*

Grante, Rotbeerli, Drubenbeer, Zuckerbeere, Kranichber, Kronsbeere, Riffelbeere, Wintergrün, Braunschnitzer, Bergmirte, Winterzecken

Fundorte

Auf Heideflächen sowie in Nadel-, Eichen- und Moorwäldern. Die Pflanzen bevorzugen saure Böden.

Merkmale und Verwechslungsgefahr

Niedriger Strauch mit lederigen, immergrünen Blättern. Diese sind eiförmig, an der Oberseite dunkelgrün, unterseits braun gepunktet, und sie haben einen durchgehend ganzen, leicht eingerollten Rand. Die Blüten hängen in Trauben zusammen. Die Früchte sind kugelrund.

Was wird gesammelt?

Blätter, Früchte.

Inhaltsstoffe und Geschmack

Fruchtsäuren, Gerbstoffe, die Spurenelemente Mangan, Eisen, Kupfer, Zink, Molybdän sowie Vitamin C. Der Geschmack der Beeren ist herb-fruchtig und leicht bitter.

Verwendung

Die Früchte können roh in Obstsalaten gegessen oder weiterverarbeitet werden. Beliebt ist vor allem Preiselbeerkompott zu Wildgerichten und gebackenem Camembert. Es lassen sich aber auch Saucen, Chutneys, Mus, Saft, Gelee und Likör daraus herstellen.

Für eine Konfitüre setzen Sie **1 Kilo reife Beeren** *mit* **200 Gramm Zucker** *an und lassen diese vier Stunden stehen. Die Masse dann bei mittlerer Hitze bis zur gewünschten Dicke einkochen. Dabei sollten Sie mehrmals umrühren und den Schaum mit einem Löffel von der Oberfläche abschöpfen. Anschließend in saubere Gläser füllen und diese verschließen.*

Wissenswertes, Anekdoten

Je später die Beeren geerntet werden, desto süßer sind sie: Am besten erntet man sie also nach dem ersten Frost.
In der Volksmedizin wird ein Tee aus den getrockneten Blättern als harntreibendes und blutreinigendes Mittel verabreicht. Er soll auch das Fieber senken. Und: Studien zufolge erkranken Frauen, die regelmäßig vorbeugend Preiselbeeren oder Cranberries (beide Beeren sind botanisch verwandt) essen, bis zu 40 Prozent seltener an Blaseninfektionen.
Die Zillertaler hatten den Glauben, dass die Früchte „vom Teufel erschaffen worden seien; der liebe Gott habe aber, damit sie den Menschen nicht schädlich werden können, die Kreuzchen obendrauf gemacht." Der vertrocknete Blütenkelch erscheint in der Aufsicht nämlich wie ein Kreuz.
Der Name des kleinen Strauchs geht auf einen slawischen Ausdruck zurück, der so viel wie „abstreifen" bedeutet. Darauf bezieht sich auch die alte Bezeichnung Riffelbeere. Der Ausdruck Kronsbeere deutet darauf hin, dass die Frucht gerne von Kranichen gefressen wird. Das Risiko, sich durch Tierkot an Waldfrüchten mit Eiern des Fuchsbandwurms zu infizieren, ist gering – aber möglich. Wer ganz sicher sein will, kocht die Beeren ab (siehe Seite 235).

Rot-Buche *(Fagus sylvatica)*

April bis Mai *25 bis 30 Meter*

Mastbuche, Eckerbaum, Heister, Eßlaab

Fundorte

In Parkanlagen, Laub- und Mischwäldern.

Merkmale und Verwechslungsgefahr

Der majestätische Baum trägt eine zeitlebens glatte, silbergraue Rinde, die nur infolge von Verletzungen rau und borkig wird. Aus den schmalen, spindelförmigen Knospen entfalten sich Blätter, die anfangs hellgrün, durchscheinend, mit weichen Haaren bewimpert und mit einem gewellten Rand versehen sind. Später werden diese dunkelgrün und lederartig. Die unauffälligen grünbraunen Blüten stehen in Büscheln zusammen. Die weiblichen Blüten bringen die dreikantigen Nussfrüchte, die sogenannten Bucheckern, hervor. Je zwei von ihnen verbergen sich in einem mit weichen Stacheln besetzten Fruchtbecher, der sich zur Reife im September mit vier Klappen öffnet.

Eine Verwechslung ist mit der Hainbuche *(Carpinus betulus)* möglich. Ihre Blätter sind jedoch gezähnt, nicht bewimpert, von einem stumpferen Grün und wie Wellpappe gewellt. Sie schmecken aufgrund hoher Gerbstoffgehalte bitter, sind aber nicht giftig.

Was wird gesammelt?

Junge Blätter, Früchte, Rinde und Keimlinge.

Inhaltsstoffe und Geschmack

In den Früchten: Viel fettes Öl, Stärke und Eiweiß sowie Alkaloide und die Vitamine B6 und C. Das schwach giftige Trimethylamin Fagin wird beim Erhitzen der Bucheckern abgebaut. Der Geschmack der Bucheckern ähnelt dem von Mandeln.

Verwendung

Solange die jungen Blätter noch durchscheinend und zart sind, können sie eine leckere Salatzugabe sein.
Die rohen Früchte enthalten Fagin. Dieser Stoff reizt die Magen- und Darmschleimhaut. Daher sollte man die Bucheckern vor dem Verzehr mindestens fünf Minuten lang rösten. Die dünne Haut lässt sich so zudem leicht entfernen, und die Früchte entfalten beim Rösten einen wunderbaren Duft. Sie werden wie Mandeln und Pinienkerne genascht oder gehackt Salaten und Gemüsegerichten beimischt.
Die Keimlinge im Frühjahr verlieren ihren bitteren Geschmack, wenn sie kurz abgekocht werden, bevor man sie als Beigabe für Salate nutzt.
Von gefällten Bäumen kann man die innere weiche Rinde abziehen. Sie wird dann in Streifen geschnitten, gekocht und wie Nudeln anrichtet. Dazu passt auch gut ein Pesto aus Bärlauch (siehe Seite 71).

Wissenswertes, Anekdoten

In früheren Zeiten wurde auch Öl aus den Früchten gewonnen, das mehrere Jahre lang haltbar ist.
Die Naturheilkunde schreibt einem Tee aus Buchenrinde fiebersenkende und antiseptische Eigenschaften zu.

Sanddorn *(Hippophae rhamnoides)*

März bis Mai *1 bis 6 Meter*

Weidendorn, Dünendorn, Besingstrauch, Pferdsdorn

Fundorte

In Flussauen, Dünen, lichten Kiefernwäldern und an Waldrändern. Die Pflanzen sind anspruchslos. Sie vertragen sandig-kiesige Böden, die trocken oder auch zeitweise feucht sein dürfen. Sie bevorzugen sonnige Plätze.

Merkmale und Verwechslungsgefahr

Typisch für diesen großen Strauch ist die Kombination aus kräftigen Dornen und langen, silbrig glänzenden Blättern. Die Blätter haben einen ungeteilten Rand, sind oberseits graugrün und an der Unterseite silbrigweiß. Männliche und weibliche Blüten sind unscheinbar. Sie wachsen nicht gemeinsam an einer Pflanze: dies nennt man Zweihäusigkeit. Früchte entstehen also nur an weiblichen Pflanzen und nur dann, wenn benachbarte „Männer“ diese bestäubt haben.

Was wird gesammelt?

Früchte. Die Früchte sind dünnhäutig und werden leicht zerquetscht. Am besten gelingt die Ernte, wenn man die Fruchtquirle mit der Schere abschneidet, einfriert und dann die hartgefrorenen Beeren abpflückt.

Inhaltsstoffe und Geschmack

Flavonoide, gesättigte und ungesättigte Fettsäuren, das Karotinoid Lycopin, Fruchtsäuren, Kalzium, Magnesium, Zucker, Provitamin A, die Vitamine B, E sowie viel Vitamin C. Der Geschmack ist sehr sauer.

Verwendung

Die Beeren eignen sich bestens für Saft, Gelee, Mus und Konfitüre.

Der Saft lässt sich am leichtesten im Dampfentsafter gewinnen. Anschließend kochen Sie **750 Gramm des Safts** *zusammen mit* **300 Gramm Zucker** *etwa zehn Minuten lang und füllen alles in Flaschen ab.*

Wissenswertes, Anekdoten

Der Strauch gehört zu den sogenannten Pioniergehölzen, die etwa dazu genutzt werden, den künstlichen Hängen von ausgeräumten Braunkohlerevieren wieder Halt zu geben und Autobahnböschungen zu befestigen. Dazu befähigt ihn sein besonders ausgebildetes Wurzelwerk: Tief gehende Hauptwurzeln verankern ihn. Durch Ausläufer bildende Seitenwurzeln besiedelt der Strauch schnell größere Flächen. Zudem reichern seine Wurzeln mithilfe spezieller Strahlenpilze Stickstoff im Boden an.

Aufgrund seines hohen Vitamin-C-Gehalts ist der Sanddornsaft ein bewährtes Hausmittel gegen Erkältungskrankheiten.

Schlehe *(Prunus spinosa)*

März bis Mai *1 bis 4 Meter*

Schwarzdorn, Kratzdorn, Woerschpenn, Himmelblüten

Fundorte

An Weg- und Waldrändern, auf Halbtrockenrasen und Steinhalden.

Merkmale und Verwechslungsgefahr

Typisch für diesen reich verzweigten Strauch sind die langen, rechtwinklig abstehenden Dornen, die umgewandelte Kurztriebe darstellen. Die Rinde ist glatt und schwarz, nur die der jungen Triebe ist samtig behaart. Die dicht gedrängten, nach Bittermandel duftenden Blüten erscheinen vor dem Laubaustrieb. Die eiförmigen Blätter sind kurz gestielt und am Rand scharf gesägt. Die Frucht ist kugelrund, schwarzblau bereift, und sie enthält einen Kern, der mit dem Fruchtfleisch verwachsen ist.

Was wird gesammelt?

Blüten und Früchte. Die Früchte sollten erst nach dem ersten Frost geerntet werden. Erst dann sind sie süß und weniger herb. Alternativ kann man sie für eine Nacht in die Gefriertruhe legen.

Inhaltsstoffe und Geschmack

Die Blüten enthalten Flavonoide und Spuren von blausäurehaltigen Glykosiden, die das Mandelaroma verursachen. Die Früchte sind reich an Anthocyanen, Gerbstoffen, Mineralstoffen, Pektin, Fruchtsäuren und Vitamin C. Der Geschmack der Früchte erinnert an Pflaumen.

Verwendung

Früchte, die vor dem Frost geerntet werden, legt man in Salzlake (dazu kocht man 400 Gramm Salz in 1 Liter Wasser auf und lässt es wieder abkühlen) ein, wo sie einen Monat lang ziehen sollen. Anschließend können sie wie Oliven gegessen werden. Frost nimmt den Früchten etwas von dem herb-sauren Geschmack. Nach dessen Einwirkung können sie sogar roh genascht oder zu Mus verarbeitet werden. Mischt man die Schlehenfrüchte mit Äpfeln oder Birnen, ergeben sie eine aromatische Konfitüre.

Aus den Früchten lässt sich Saft pressen, der wie Weinessig zum Säuern von Speisen geeignet ist: Dazu zerdrücken Sie die Früchte *grob und lassen sie anschließend in einem verschlossenen Glasgefäß eine Woche lang gären. Danach filtern Sie den Saft durch ein (Baumwoll-)Tuch und füllen ihn in Flaschen ab.*

Wissenswertes, Anekdoten

Mit den Dornen der Schlehe wurden früher die Enden der Würste verschlossen. Das klingt noch in vielen volkstümlichen Namen an, zum Beispiel Woerschpenn oder Wöstegrippenholt.

Die Volksmedizin setzt die Blüten als mildes Abführmittel und gegen Husten ein.

Schwarzer Holunder

(Sambucus nigra)

Mai bis Juli ***2 bis 8 Meter***

Holler, Helboom, Elhorn, Flieder, Schibbeke, Büchsenstrauch, Knallenholz

Fundorte

An Waldrändern, Gebüschsäumen, Wegen sowie auf Lichtungen und Schuttplätzen.

Merkmale und Verwechslungsgefahr

Die aromatisch riechenden Pflanzen entwickeln sich zu großen Sträuchern. Typisch sind die mit weißem Mark gefüllten Äste, aus denen man Flöten und Blasrohre machen kann. Ihre graue Rinde ist mit kleinen Pusteln, sogenannten Korkwarzen, besetzt. Die Blätter setzten sich aus einzelnen eiförmigen Einzelblättchen zusammen, die am Rand gesägt sind. Die Blütenstände bilden große, duftende Trugdolden.

Was wird gesammelt?

Blütenknospen, Blüten und Beeren.

Inhaltsstoffe und Geschmack

Blüten: Flavonoide (vor allem Rutin), ätherisches Öl, Gerbstoffe, Kalium, Phytosterine, Schleimstoffe, Chlorogensäure und Kaffeesäureester. Beeren: Flavonoide, Anthocyanglykoside, ätherische Öle, Zucker, Fruchtsäuren, Gerbstoffe, Aminosäuren sowie die Vitamine A, B1, B2, B6, Folsäure und Vitamin C. Ein Auszug der Blüten schmeckt leicht nach Maracuja (Passionsfrüchten).

Verwendung

Die Beeren können zu Suppe, Saft, Gelee, Chutney und Wein verarbeitet werden. Sie passen vor allem gut zu Wildgerichten. Aus den Blüten lassen sich Sirup, Limonade, Essig und Wein herstellen. Die Blüten kann man auch trocknen, indem ganze Blütentriebe abgeschnitten an einem schattigen, luftigen Ort aufgehängt werden. Getrocknete Blüten eignen sich für eine Teezubereitung.

Blütenstände werden zu einer aromatischen Beilage, wenn Sie diese in Tempurateig tunken und in heißem Fett frittieren. Für den Teig verrühren Sie **1 Eigelb, 100 Milliliter Wasser, 60 Gramm gesiebtes Mehl, einen halben Teelöffel Backpulver** *und* **1 Teelöffel Maisstärke** *zu einer flüssigen Masse.*

Wissenswertes, Anekdoten

In der Antike galt der Holunder als Universalheilmittel. Heute schätzt die Volksmedizin vor allem die schweißtreibende und fiebersenkende Kraft seiner Blüten bei Erkältungskrankheiten und die Stärkung des Immunsystems durch den Saft der Beeren. Für eine Tasse Tee überbrüht man 2 bis 3 Gramm getrocknete Blüten mit 150 Milliliter Wasser und lässt diese sieben Minuten lang ziehen.

Rohe Beeren können „Brechdurchfall" hervorrufen, denn sie enthalten das schwach giftige Glykosid *Sambunigrin.* Durch Kochen wird es zerstört. Es sollten nur reife Beeren geerntet werden. Für den Anbau im eigenen Garten empfiehlt sich die ertragreiche Sorte 'Haschberg'.

Sommer-Linde *(Tilia platyphyllos)*

Juni bis Juli *25 bis 40 Meter*

Breitblättrige Linde, Europäische Linde, Wenigblumige Linde, Bastholz

Fundorte

In Bergwäldern, Parkanlagen und an Straßen.

Merkmale und Verwechslungsgefahr

Typisch sind die kurz zugespitzten, herzförmigen Blätter, die am Rande scharf gesägt und in der Jugend auch oberseits, später nur noch an der Unterseite weich behaart sind. Die Dolden setzen sich aus drei bis fünf Einzelblüten zusammen. Kaum zu unterscheiden ist die Winter-Linde *(Tilia cordata)*. Sie blüht wenige Wochen nach der Sommer-Linde (daher der Namensunterschied) und trägt fünf bis zwölf Einzelblüten pro Trugdolde. Die Blätter sind wie bei der Holländischen Linde *(Tilia x intermedia)*, die den beiden ebenfalls sehr ähnlich sieht, nicht behaart. Es spielt jedoch keine Rolle, welche Art man vor sich hat, denn sie können alle gleichermaßen in der Küche verwendet werden.

Was wird gesammelt?

Junge Blätter, Blüten und Samen. Junge Blätter findet man an Schösslingen unten um den Stamm herum bis in den Sommer hinein.

Inhaltsstoffe und Geschmack

Schleimstoffe, ätherisches Öl, Flavonoide, Gerbstoffe, Triterpenglykoside, Rosmarinsäure, die Vitamine C und E. Die jungen Blätter sind mild im Geschmack.

Verwendung

Die jungen Blätter können direkt vom Baum genascht, in Salate gemischt und wie Spinat verarbeitet werden. Suppen verleihen sie eine sämige Konsistenz.
Die Blüten eignen sich zum Aromatisieren von Getränken, Desserts und Fruchtsalaten.
Getrocknet werden die Blüten zu einem Tee aufgebrüht.
Schälen Sie die reifen Nussfrüchte, sie lassen sich dann einfach roh knabbern.

Wissenswertes, Anekdoten

Das Laub der Linde verrottet schnell und verbessert die Bodenqualität, denn es enthält viel Eiweiß sowie Kalk und wenig Säure. Früher haben Gärtner daraus Blumentopferde hergestellt.
Der Tee, der schweißtreibend wirkt, lindert zudem den Reiz bei trockenem Husten und kann einen heilsamen Effekt bei Erkältungen haben. Er beruhigt und wird daher auch bei Schlafstörungen angewendet.
In Mythologie und Volkskunde gilt die Linde als Baum der Liebe. „Tandaradei", singt der Minnedichter Walther von der Vogelweide, „unter der Linden auf der Heide, da unser zweier Bette war …" Unter ihr wurde auch getanzt und Recht gesprochen. Jedes Dorf hatte ehemals eine Dorflinde als Mittelpunkt und Versammlungsort.

Stiel-Eiche *(Quercus robur)*

April bis Mai *30 bis 50 Meter*

Sommereiche, Masteiche, Loheiche, Kohleiche

Fundorte

In Mischwäldern mit Kiefern, in Auenwäldern, Parkanlagen und an Feldrändern.

Merkmale und Verwechslungsgefahr

Für diesen Baum ist die Form der Blätter typisch. Sie besitzen fast keinen Stiel, sind länglich eiförmig und unregelmäßig gelappt. Die Baumrinde an jungen Bäumen glänzt hellgrau. Später wird sie schwarzbraun und zeigt tiefe Risse. Männliche und weibliche Blüten, die getrennt an einem Baum entstehen, sind unscheinbar. Ihre Früchte sind die Eicheln.
Verwechslungen können höchstens mit anderen Eichenarten vorkommen. Die Früchte dieser Arten lassen sich jedoch auf die gleiche Weise wie die der Stiel-Eiche verwenden.

Was wird gesammelt?

Blätter und Früchte.

Inhaltsstoffe und Geschmack

Gerbstoffe, Triterpenglykoside, Kohlenhydrate, Proteine und in den Samen zusätzlich fettes Öl. Der Geschmack der Eicheln ist bitter-herb.

Verwendung

Wegen ihres hohen Gerbstoffanteils sind Eicheln nicht für jeden Menschen gleichermaßen gut verträglich. Gerbstoffe sind jedoch wasserlöslich. Man entfernt sie, indem man die Eicheln kocht und das Wasser anschließend weggießt. Am besten gehen Sie dabei folgendermaßen vor: Zuerst die Eicheln einschneiden und einige Minuten in Wasser kochen – dann lassen sie sich besser schälen. Anschließend werden sie klein gehackt und nochmals gekocht, gegebenenfalls sogar mehrmals, bis sämtliche Gerb- und Bitterstoffe entfernt sind. Danach werden die Eicheln zu einem Mus zerdrückt, mit dem Sie zum Beispiel Desserts und Saucen verfeinern können. Dieses Mus eignet sich auch gut als Grundlage für Bratlinge, Kuchen, Kekse und Pasteten. Interessant zu wissen: Auch in Verbindung mit Milch und Eiern werden die Gerbstoffe gebunden und damit neutralisiert.
Mit den jungen, klein gehackten Blättern können Sie ferner Salate, Saucen und Gemüsespeisen würzen.

Wissenswertes, Anekdoten

Für unsere Vorfahren gehörten Eicheln zu einem wichtigen Grundnahrungsmittel: Sie wurden zu Mus und Mehl verarbeitet sowie geröstet und zermahlen als Kaffeeersatz genutzt.
Früher trieben die Bauern ihre Schweine in Eichenwälder, um die Tiere mit den Früchten zu mästen.
Die langen Stiele, an denen die Früchte sitzen, geben der Stiel-Eiche den Namen.
Eine reiche Eichelernte gibt es nur alle zwei bis sieben Jahre.
In der Naturheilkunde wird vor allem der hohe Gerbstoffgehalt der Rinde geschätzt: Tee daraus wirkt äußerlich angewendet auf Schleimhäute entzündungshemmend und blutstillend. Er soll auch Schmerzen und Juckreiz lindern. Innerlich wird der Tee gegen Durchfall verabreicht.

Pilze

Austern-Seitling *(Pleurotus ostreatus)*

Oktober bis Februar *1 bis 4 Zentimeter*

Lamellenpilz ganz ohne Ring am Stiel

Austernpilz, Kalbfleischpilz

Fundorte

Als Schmarotzer oder Moderpilz findet man ihn vor allem an Rotbuchen, Pappeln und anderen Laubhölzern, in seltenen Fällen auch an Fichten. Er besiedelt das Stammholz geschwächter Bäume und sogar dicke Äste in größerer Höhe. Eine Kolonie kann aus mehreren hundert Pilzen bestehen.

Merkmale und Verwechslungsgefahr

Am besten erkennt man den Austernseitling an seinem zottigen, filzartigen Stiel. Seine muschelförmigen, bis zu 15 Zentimeter breiten Hüte wachsen meist büschelweise fast unmittelbar auf dem Holz der Wirtspflanze. Denn die seitlich abzweigenden, fast weißen Stiele sind nur kurz. Form und Farbe der Hüte sind unterschiedlich. Sie können von grauen Braun- bis zu dunklen Blautönen variieren. In der Jugend sind die Ränder meist eingerollt, später reißen sie lappenartig

ein. Die hellen Lamellen an der Unterseite stehen dicht zusammen.
Große Ähnlichkeit besitzt der Lungenseitling *(Pleurotus pulmonarius),* der vor allem durch seinen süßen Duft auffällt, der an Anis erinnert. Im Gegensatz zum Austernseitling sind seine Hüte kleiner und heller gefärbt. Er ist ebenfalls essbar.
Der Gelbstielige Muschelseitling *(Sarcomyxa serotina)* wächst teilweise mit dem Austernseitling am gleichen Ort. Seine Stiele sind jedoch ockerfarben. Die Hüte haben einen grünen und manchmal einen olivfarbenen Grundton. Der ungiftige Pilz ist durch seine bittere Note nicht sehr schmackhaft.
Bei diesem Pilz besteht keine keine schlimme Verwechslungsgefahr. Wer trotzdem ganz sicher gehen möchte, wendet sich an eine Pilzberatungsstelle (dazu siehe Seite 242).

Was wird gesammelt?
Vor allem junge Pilze.

Beschaffenheit des Fleisches und Geschmack
Das weiße Fleisch ist bei jungen Pilzen zart und wohlriechend. Mit zunehmendem Alter wird es zäher und muffiger.

Verwendung
Der weitverbreitete Speisepilz lässt sich dünsten, braten und in Essig einlegen. Sollten die Pilze recht kurze Stiele haben, so schneidet man diese ab und gibt sie zuerst in die Pfanne. Dann fügt man die geschnittenen Pilzkappen zu. Wer mag, kann gehackte Petersilie oder Schnittlauchröllchen auf die Pilze streuen. Estragon oder Basilikum geben dem Gericht einen besonderen Geschmack.

Wissenswertes, Anekdoten
Der Austernseitling wird auch auf Holz und Stroh in Pilzfarmen kultiviert. Neben Champignon und Shiitake gehört die Art zu den drei wichtigsten Kulturpilzen, die im Handel angeboten werden. Das Eiweiß des Austernseitlings ist leicht verdaulich und somit gut bekömmlich. Er liefert die Vitamine B_2 und D sowie Kalium. Wegen des Puringehalts sind Austernseitlinge für Gichtkranke weniger geeignet.

Butterpilz *(Suillus luteus)*

August bis November *3 bis 6 Zentimeter*

Röhrenpilz

Butterröhrling, Schälpilz, Schleimchen, Föhrenschwamm

Fundorte

Unter Kiefern, mit denen er in Symbiose lebt.

Merkmale und Verwechslungsgefahr

Der fleischige Hut des Pilzes wölbt sich zu einer Halbkugel und ist orange- bis schokoladenbraun gefärbt. Er wird bis zu 10 Zentimeter breit. Seine Haut lässt sich abziehen. Bei Trockenheit glänzt die Hutoberfläche, bei feuchter Witterung wird sie jedoch schleimig und lässt meist eine Maserung durchscheinen. Die feinporigen Röhren an der Unterseite des Hutes leuchten zunächst hellgelb und später in einem olivfarbenen Gelbton.

Auffällig ist der Stielring, der den zylindrischen Stil zweiteilt. Oberhalb des häutigen Ringes ist der Stiel gelblich und mit feinen dunklen Punkten versehen. Darunter ist er braun und schleimig überzogen.

Verwechslungen sind nur mit dem Goldröhrling *(Suillus grevillei)* denkbar, der allerdings ausschließlich unter Lärchen wächst und dessen Hutoberseite goldfarben ist, sowie mit dem ebenfalls unter Kiefern wachsenden Körnchenröhrling *(Suillus granulatus)*, der keinen Stielring besitzt. Es besteht aber keine Gefahr, da beide Arten ebenfalls zu den Speisepilzen gehören.
Bei diesem Pilz besteht keine schlimme Verwechslungsgefahr. Wer trotzdem ganz sicher gehen möchte, wendet sich an eine Pilzberatungsstelle (mehr dazu siehe Seite 242).

Was wird gesammelt?

Junge Exemplare sind leckerer als ältere, deren Fleisch häufig viel zu weich ist.

Beschaffenheit des Fleisches und Geschmack

Das Fleisch ist weich, saftig und von weiß-gelber Farbe. Es verfärbt sich im Anschnitt nicht. Der Geschmack ist angenehm mild und leicht säuerlich.

Verwendung

Den Pilz bereitet man frisch, also unmittelbar nach der Ernte zu, da sein Fleisch schnell verdirbt. Zuerst zieht man die Haut vom Hut. Am besten schmeckt er gebraten. Zum Trocknen ist er ungeeignet.

Wissenswertes, Anekdoten

Für manche Menschen sind Butterpilze unverträglich. Dies kann sich in Form von allergischen Reaktionen oder von Verdauungsstörungen äußern. Man sollte dann in jedem Fall diesen Pilz meiden.

Echter Pfifferling

(Cantharellus cibarius)

Juni bis November *3 bis 6 Zentimeter*

Pfifferlingsartige Pilze

Eierschwammerl, Reherl, Schweinefüßchen, Röllchen

Fundorte

Vor allem in Nadelwäldern, gewöhnlich im Moos unter Kiefern und Fichten, seltener in Laubwäldern unter Birken, Buchen und Eichen.

Merkmale und Verwechslungsgefahr

Typisch sind die Stiele, die an der Basis schmaler sind und sich zum Hut hin verbreitern. Der bis zu 12 Zentimeter breite Hut ist anfangs dottergelb gefärbt und polsterförmig gewölbt. Später formt er sich zu einem Trichter mit welligem Rand, und die Farbe verblasst etwas. Im Gebirge findet man häufig hellviolette Exemplare. Typisch sind auch die lamellenartigen, dicken, sich gabelnden Leisten an der Unterseite des Hutes. Sie gehen in den fleischigen Stiel über und laufen teils noch an ihm herab.
Ähnlich ist der Falsche Pfifferling *(Hygrophoropsis aurantiaca)*, der zwar nicht giftig, aber wenig aromatisch und mitunter

unbekömmlich ist. Sein Fleisch duftet nicht, ist lederartig und orange gefärbt – im Gegensatz zum weißen Fleisch des Echten Pfifferlings.
Schwer lässt sich der Samtige Leistling *(Cantharellus friesii)* unterscheiden, was problemlos ist, denn auch er gehört zu den Speisepilzen. Er schmeckt leicht pfefferig, sein Geruch ist im Vergleich zum Echten Pfifferling nur schwach. Auch ist er stärker orangegelb gefärbt und besitzt eine samtartige Huthaut. Er heißt daher auch Samtpfifferling.
Bei diesem Pilz besteht hierzulande keine gefährliche Verwechslungsgefahr. Wer ganz sicher sein will, wendet sich an eine Pilzberatungsstelle (mehr dazu siehe Seite 242).

❗ ***Der wirklich giftige Doppelgänger ist in Mitteleuropa selten. Dafür findet man ihn in Südeuropa häufig: Es ist der Leuchtende Ölbaumpilz*** (Omphalotus olearius), ***der oft an alten Olivenbäumen vorkommt, aber auch das morsche Holz von Eichen und anderen Laubbäumen nicht verschmäht. Ein wichtiges Unterscheidungsmerkmal sind seine Lamellen: Diese sind kaum gegabelt. Er wächst immer auf Holz, der Pfifferling jedoch auf dem Erdboden.***

Was wird gesammelt?
Ganze Exemplare. Je kleiner, desto aromatischer.

Beschaffenheit des Fleisches und Geschmack
Der fruchtige, aprikosenartige Geruch des festen, höchstens am Stiel etwas faserigen, weißen Fleisches ist unverwechselbar. Der Pilz schmeckt im Rohzustand scharf.

Verwendung
Einer der leckersten Speisepilze, der gut für sich allein zubereitet schmeckt und zum Beispiel in Risotto oder zu Fleischgerichten gereicht wird. Der Pilz kann auch in Essig eingelegt werden.

Wissenswertes, Anekdoten
Pfifferlinge können mehrere Tage lang im Kühlschrank aufbewahrt werden.
Erde und Sand entfernt man am besten mit einem Pinsel und nicht unter fließendem Wasser. So behält er sein Aroma.

Echter Reizker *(Lactarius deliciosus)*

August bis November *3 bis 7 Zentimeter*
Lamellenpilz ganz ohne Ring am Stiel
Edelreizker, Rostling, Wacholderschwamm, Blutreizker

Fundorte

Ausschließlich unter Kiefern, zum Beispiel in den Kiefernwäldern im norddeutschen Raum auf sandigem Boden.

Merkmale und Verwechslungsgefahr

Typisch sind die dunklen, flachen Gruben auf dem blass orangefarbenen Stiel und der rote Milchsaft, den der Pilz führt. Sein bis zu 15 Zentimeter breiter orangeroter bzw. hellroter Hut weist eine trichterförmige Vertiefung in der Mitte und dunkle konzentrische Kreise auf. Die orangeroten Lamellen auf der Unterseite laufen bei Druck grünlich an. Der Stiel ist mürbe und bei älteren Exemplaren hohl.
Folgende Verwechslungen sind unbedenklich, da es sich jeweils ebenfalls um Speisepilze handelt: Mit dem Spangrünen Kiefernreizker *(Lactarius semisanguifluus),* dessen Stiel keine Gruben zeigt und dessen Hüte im Alter grün anlaufen. Mit dem Weinroten Kiefernreizker *(Lactarius sanguifluus),* dessen

Milch sich bei Verletzungen weinrot verfärbt, sowie mit dem Fichtenreizker *(Lactarius deterrimus)*, dessen Milch orangerot ist und sich innerhalb einer halben Stunde weinrot verfärbt. Ihn findet man zudem nur unter Fichten. Sein Geschmack ist etwas bitter.

❗ ***Eine Verwechslungsgefahr besteht mit dem giftigen Birkenreizker*** (Lactarius torminosus). ***Seine Hutoberfläche ist jedoch filzartig, der Rand zottig gesäumt und der austretende Milchsaft weiß. Vor allem wächst der Pilz nur unter Birken.***

Holen Sie fachkundigen Rat, wenn Sie unsicher sind. Vereine, Apotheken und freie Träger bieten während der Pilzsaison Anfang August bis Anfang Oktober Pilzberatung an. ***Mehr dazu auf Seite 242.***

Was wird gesammelt?

Ganze Exemplare, junge sind zu bevorzugen. Man sollte auf Madenbefall achten, indem man den Pilz einmal längs durchschneidet.

Beschaffenheit des Fleisches und Geschmack

Das orangefarbene Fleisch enthält einen karottenroten Milchsaft. Dieser verfärbt sich nach einigen Stunden an der Luft grünlich. Das betrifft auch die Bruch- oder Schnittstellen des Pilzes. Das Fleisch ist zunächst fest und wird später mürbe. Es riecht würzig und schmeckt etwas herb.

Verwendung

Der Pilz entfaltet beim Anbraten einen pikant-süßlichen Geschmack. Zum Kochen und Trocknen ist er weniger geeignet. Er lässt sich aber auch in Essig einlegen.

Wissenswertes, Anekdoten

Nach dem Verzehr des Pilzes kann sich der Urin rot färben. Etwas Ähnliches passiert auch nach dem Genuss von Roter Bete und ist völlig ungefährlich. Der Name Reizker ist slawischen Ursprungs. Er bedeutet so viel wie Rotmilchling.

Fichten-Steinpilz *(Boletus edulis)*

Juli bis Oktober *7 bis 20 Zentimeter*

Röhrenpilz

Herrenpilz, Edelpilz, Steinkopf

Fundorte

In Nadelwäldern, hauptsächlich unter Fichten und Kiefern, selten auch in Laubwäldern.

Merkmale und Verwechslungsgefahr

Charakteristisch sind die helle Netzzeichnung im oberen Bereich des Stiels und der gewölbte hell- bis kastanienbraune Hut, der bis zu 30 Zentimeter breit werden kann. Die engen Röhren unterhalb des Hutes sind zuerst weiß bis weißgrau, mit zunehmendem Alter des Pilzes nehmen sie eine gelbe bis olivgrüne Färbung an. Das Fleisch reagiert nicht auf Druck oder Verletzung, es läuft zum Beispiel nicht blau an. Der Stiel ist eher bauchig, selten keulenartig geformt und bis zu 10 Zentimeter dick.

Leicht kommt es zu Verwechslungen mit dem Gallenröhrling *(Tylopilus felleus),* der zwar nicht giftig ist, jedoch unangenehm bitter schmeckt. Das lässt sich schon roh mit der

Zungenspitze feststellen. Das deutlichste Unterscheidungsmerkmal sind die rosafarbenen Röhren.
Bei diesem Pilz besteht keine gefährliche Verwechslungsgefahr. Wer trotzdem ganz sicher gehen möchte, wendet sich an eine Pilzberatungsstelle (mehr dazu siehe Seite 242).

Was wird gesammelt?
Vor allem junge Exemplare, ältere sind häufig von Mückenlarven befallen.

Beschaffenheit des Fleisches und Geschmack
Das weiße Fleisch ist anfangs fest und wird mit zunehmendem Alter weicher. Es riecht und schmeckt nussartig.

Verwendung
Das intensive Aroma bleibt erhalten, unabhängig davon, ob der Pilz gekocht, gebraten oder getrocknet wird. Die Pilze harmonieren mit Petersilie, Salbei, Thymian, Knoblauch und sollten durchgaren. Reste lassen sich aufwärmen. Ein traditionelles Herbstgericht in Italien ist das Steinpilz-Risotto.
Die Meinungen, ob der Pilz auch roh genossen werden kann, sind geteilt. Es kommt offensichtlich immer wieder vor, dass er Bauchschmerzen auslöst.

Wissenswertes, Anekdoten
Außer dem Fichten-Steinpilz gibt es eine Reihe verwandter Steinpilz-Arten, die ähnlich lecker sind. Dazu gehören der Kiefernsteinpilz *(Boletus pinophilus)* und der Sommersteinpilz *(Boletus reticulatus).* Auch der Schwarzhütige Steinpilz *(Boletus aereus)* gehört dazu. Diese Art ist in Deutschland jedoch vom Aussterben bedroht und darf daher nicht gesammelt werden. 2008 wurde er zum Pilz des Jahres gekürt.

Herbsttrompete

(Craterellus cornucopioids)

August bis November *5 bis 15 Zentimeter*
Pfifferlingsartige Pilze
Totentrompete, Füllhorn, Schwarzrecherl

Fundorte

In Laub- und Mischwäldern bildet der Pilz hauptsächlich unter Rotbuchen große Bestände. Er findet sich manchmal auch unter Eichen und Weißtannen.

Merkmale und Verwechslungsgefahr

Charakteristisch sind die trompetenartige Form und die schwärzliche Färbung des Pilzes. Der zu einem Trichter geformte Hut kann einen Durchmesser von bis zu 12 Zentimetern erreichen. Manchmal misst er aber auch nur einen Zentimeter. Anfangs ist der Rand des Trichters eingerollt, später reißt er ein und franst etwas aus. Die Oberfläche ist rußgrau, braun oder schwarz und glatt bis filzartig.
Die Außenseite junger Exemplare ist glatt, matt und dunkelgrau. Mit der Zeit bilden sich Falten, und ein Belag weißlicher Sporen hellt das Grau auf. Der Hut geht unmittelbar

in den Stiel über, sodass der ganze Pilz hohl und dünnfleischig ist.
Ähnlich sieht der ebenfalls essbare Graue Pfifferling *(Cantharellus cinereus)* aus. Er hat fast die gleiche Farbe. An der Unterseite besitzt der Graue Pfifferling jedoch deutlich ausgeprägt Leisten, die sich verzweigen und netzartig miteinander verbunden sind.
Bei diesem Pilz besteht keine gefährliche Verwechslungsgefahr. Wer trotzdem ganz sicher gehen möchte, wendet sich an eine Pilzberatungsstelle (mehr dazu siehe Seite 242).

Was wird gesammelt?

Ganze Pilzbüschel. Alte Exemplare, bei denen der Rand schon sehr schrumpelig ist, sollte man stehen lassen.

Beschaffenheit des Fleisches und Geschmack

Das Fleisch ist grau, elastisch und dünn. Das Aroma ist mild und leicht erdig.

Verwendung

Der Pilz wird kulinarisch sehr geschätzt. Gekocht ist er jedoch etwas zäh, daher eignet er sich mehr für Mischgerichte, beispielsweise anstelle von Morcheln oder Trüffeln in Frikassee. Vor allem getrocknet und gemahlen entfaltet er ein vorzügliches Aroma. Junge Pilze können auch in Essig eingelegt werden.

Wissenswertes, Anekdoten

Wegen seiner Form und Farbe ist der Pilz kaum zu verwechseln. Selbst ungeübte Sammler können im Grunde nichts falsch machen.

Maronen-Röhrling

(Xerocomus badius)

Juni bis November *5 bis 12 Zentimeter*

Röhrenpilz

Butterröhrling, Schälpilz, Schleimchen, Föhrenschwamm

Fundorte

Vor allem in Nadelwäldern, besonders unter großen Fichten und Kiefern. Selten auch in Laubwäldern unter Buchen und Eichen.

Merkmale und Verwechslungsgefahr

Mit seinem großen, bis zu 15 Zentimeter breiten, dunkelbraunen Hut kann der Pilz eine imposante Erscheinung sein. Die Hutoberfläche ist gewöhnlich samtartig matt, nimmt aber bei Feuchtigkeit ein schmieriges Aussehen an. Junge Exemplare tragen einen halbkugelförmigen Hut. Später flacht dieser ab. Die sehr eng stehenden Röhren unterhalb des Hutes sind hellgelb bis weiß gefärbt.

Bei älteren Pilzen verändern sie sich zu dunklerem Gelb beziehungsweise zu einem hellen Olivgrün. Der gelbbraune, meist zylindrisch geformte Stiel wird bis zu 2 Zentimeter dick und weist keine Netzzeichnungen auf. Vielmehr zeigt sich auf

ihm eine feine Maserung. Ein untrügliches Erkennungsmerkmal: Drückt man die Röhren zusammen, laufen sie innerhalb von Sekunden blaugrün an.
Verwechslungen sind mit dem essbaren Steinpilz möglich, der auf seinem Stiel jedoch eine deutliche Netzzeichnung trägt. Auch der ungenießbare Düstere Röhrling *(Porphyrellus porphyrosporus)* sieht ähnlich aus. Er lässt sich anhand seines graubraunen Hutes samt Röhren unterscheiden.
Bei diesem Pilz besteht keine gefährliche Verwechslungsgefahr. Wer trotzdem ganz sicher gehen möchte, wendet sich an eine Pilzberatungsstelle (mehr dazu siehe Seite 242).

Was wird gesammelt?

Ganze Exemplare.

Beschaffenheit des Fleisches und Geschmack

Das Fleisch ist zart und hat einen schwach obstartigen Geruch. Schneidet man es durch, läuft es schwach blau an. Es schmeckt angenehm mild.

Verwendung

Vor der Verarbeitung sollte man die Röhren entfernen. Sie machen das Pilzgericht sonst matschig.
Ein kleiner Zubereitungstipp: Die Pilze salzen und braten, damit sich das Wasser noch weiter verflüchtigt. Schließlich mit Crème fraîche und Petersilie weiter schmoren. Abschließend mit Pfeffer und Zitrone sowie einem Schuss Steinpilzöl abschmecken. Er passt gut zu Fleischgerichten. Junge Exemplare entwickeln in Butter gebraten ein nussartiges Aroma. Der Pilz eignet sich auch zum Trocknen.

Wissenswertes, Anekdoten

Der Maronen-Röhrling sollte nicht roh gegessen werden. Er ist dann für einige Menschen unverträglich.

Reifpilz *(Rozites caperatus)*

Juli bis Oktober *5 bis 15 Zentimeter*

Lamellenpilz mit wulstigem Ring am Stiel

Zigeuner, Scheidenrunzling, Runzelschüppling, Hühnerkoppe, Schulmeisterpilz

Fundorte

Überwiegend in Fichten- und Kiefernwäldern. Dort findet man ihn in Gruppen zwischen Heidelbeeren, Preiselbeeren, Heidekraut und Farn. In Laubwäldern ist er selten beheimatet.

Merkmale und Verwechslungsgefahr

Typisch sind junge, frisch aus dem Boden sprießende Exemplare, deren Fruchtkörper zart lila gefärbt und von einer silbrigen Schicht überzogen sind. Die ausgewachsenen Pilze tragen helle, honigbraune bis 10 Zentimeter breite Hüte. Sie bilden zuerst die Form einer Halbkugel, spreizen sich dann schirmförmig auf und fransen am Rand etwas aus.
Die milchkaffeebraunen Lamellen an der Unterseite des Hutes stehen dicht zusammen und sehen etwas runzelig aus. Der Stiel hat eine zylindrische Form, ist schmutzigweiß gefärbt und trägt einen blassgelben Ring.

Der Stielring unterscheidet ihn von dem giftigen Lila Dickfuß (Cortinarius traganus), *ebenso wie dessen unangenehmer Geruch. Aus gleichem Grund dürfte man den ebenfalls giftigen Riesenrötling* (Entoloma sinuatum) *nicht für den Reifpilz halten: Er stinkt und trägt auch keinen Stielring. Auch anderen teils ähnlich aussehenden Haarschleierlingen* (Cortinarius ssp.) *fehlt der Stielring. Zusätzlich sind viele von ihnen an den spinnwebartigen Fäden zwischen Stiel und Hutrand zu erkennen.*

Holen Sie fachkundigen Rat, wenn Sie unsicher sind. Vereine, Apotheken und freie Träger bieten während der Pilzsaison Anfang August bis Anfang Oktober Pilzberatung an. Mehr dazu *auf Seite 242.*

Was wird gesammelt?

Ganze, vorzugsweise junge Exemplare.

Beschaffenheit des Fleisches und Geschmack

Das Fleisch ist fest, saftig und blassbraun marmoriert. Der Geschmack ist angenehm mild.

Verwendung

Der Pilz ähnelt im Geschmack dem Champignon. Er lässt sich gut für sich allein, aber auch in Pilzmischgerichten zubereiten.

Wissenswertes, Anekdoten

Der Reifpilz ist in Skandinavien stark verbreitet. Ältere Pilze sind häufig von Maden befallen. Am besten achtet man schon beim Sammeln auf Befall. Dafür müssen die Pilze einmal längs vom Kopf bis zur Stielbasis durchgeschnitten werden.

Speisetäubling *(Russula vesca)*

Juni bis Oktober *3 bis 8 Zentimeter*

Lamellenpilz ganz ohne Ring am Stiel

Fleischroter Speisetäubling

Fundorte

In Laub- und Nadelwäldern, vor allem auf Sandböden, bevorzugt unter Eichen, Rotbuchen, Kiefern, oft in der Nähe von Heidekraut und Adlerfarn.

Merkmale und Verwechslungsgefahr

Bei jungen Pilzen sind die Hüte noch als Halbkugel geformt. Während des weiteren Wachstums breiten sie sich dann schirmförmig aus. Typisch ist der Saum am äußeren Rand, der die weißen Lamellen von oben sehen lässt, weil die bräunliche, teils ins Violette, Grüne oder Rosafarbene changierende Haut den Hut nicht gänzlich bedeckt. Der Hut, der bis zu 10 Zentimeter breit wird, kann auch trichterförmig vertieft sein. Die rein weißen Lamellen können rostfarbene Flecken zeigen. Auch der weiße Stiel, der sich im Boden leicht verjüngt, kann von solchen Flecken überzogen sein.

Verwechslungsmöglichkeiten bestehen mit anderen Täublingen, unter denen es weitere Speisepilze gibt wie den Wieseltäubling *(Russula mustelina)*, den Goldtäubling *(Russula aurea)* und den Frauentäubling *(Russula cyanoxantha)*. Zu den ungenießbaren Arten zählt der Dickblättrige Schwärztäubling *(Russula nigricans)*.

❗ ***Ein giftiger Vertreter ist zum Beispiel der Speitäubling*** (Russula emetica). ***Das sicherste Unterscheidungsmerkmal ist die Leckprobe: Ungenießbare und giftige Arten brennen scharf auf der Zunge. Am besten spült man den Mund anschließend mit Wasser aus. Holen Sie fachkundigen Rat, wenn Sie unsicher sind. Vereine, Apotheken und freie Träger bieten während der Pilzsaison Anfang August bis Anfang Oktober Pilzberatung an.*** ***Mehr dazu auf Seite 242.***

Was wird gesammelt?
Ganze Exemplare.

Beschaffenheit des Fleisches und Geschmack
Das Fleisch ist weiß und fest. Es riecht eher unauffällig, schmeckt aber angenehm nussig.

Verwendung
Der Speisetäubling ist einer der schmackhaftesten seiner Art. Dieser Pilz eignet sich zum Kochen, Braten, Einmachen und Einsalzen. Er behält dabei weitestgehend seine feste Konsistenz. Ob er auch roh verträglich ist, darüber gehen die Meinungen auseinander.

Wissenswertes, Anekdoten
Die teils kräftigen Farben der Täublinge werden von Pigmenten, sogenannten Pteridinen, hervorgerufen. Diese wasserlöslichen Nukleinsäuren sind für die Farbveränderungen auf der Haut der Pilze verantwortlich, welche die Bestimmung der einzelnen Arten schwierig machen.
Interessant ist, dass sich diese Pigmente auch in der Haut sowie in den Augen von Schmetterlingen, Fischen, Amphibien und Reptilien finden.

Wiesen-Champignon

(Agaricus campestris)

Juli bis Oktober *5 bis 7 Zentimeter*

Lamellenpilz mit wulstigem Ring am Stiel

Wiesenegerling, Erdgürtel, Brachschwamm, Heiderling

Fundorte

Auf Wiesen, Weiden und offenem Gelände, häufig dort, wo der Boden zum Beispiel durch Pferde und Rinder nährstoffreich ist. Er taucht massenweise nach Regenfällen auf, besonders dann, wenn es zuvor längere Zeit trocken war.

Merkmale und Verwechslungsgefahr

Die Hüte bei jungen Champignons sind fast kugelig. Bei älteren Exemplaren haben sich diese schirmförmig verbreitert. Sie können dann bis zu 10 Zentimeter breit werden. Typisch ist die weiße Färbung der Oberfläche. Die dicht stehenden Lamellen an der Unterseite sind bei jungen Exemplaren zunächst rosa. Sie verfärben sich später schokoladenbraun. Der Stiel zeigt am Ansatz keine knollige Verdickung. Er ist oft leicht gekrümmt. Der Stielring hängt hautartig herab. Die Pilze sprießen gerne in locker geformten Kreisen, den sogenannten Hexenringen, aus dem Boden.

Vorsicht ist geboten, da der Champignon mit zwei giftigen Pilzen verwechselt werden kann. Erstens mit dem sehr giftigen Weißen Knollenblätterpilz (Amanita verna). *Dieser hat jedoch stets weiße Lamellen und eine knollige Stielbasis. Zweitens mit dem Karbolegerling* (Agaricus xanthoderma), *der jedoch unangenehm nach Tinte oder Karbol riecht und dessen Stielknolle eine gelbe Basis besitzt.*

Holen Sie fachkundigen Rat, wenn Sie unsicher sind. Vereine, Apotheken und freie Träger bieten während der Pilzsaison Anfang August bis Anfang Oktober Pilzberatung an. Mehr dazu *auf Seite 242.*

Was wird gesammelt?

Nur Exemplare, deren Hutunterseite deutlich rosa oder schokoladenbraun gefärbt ist.

Beschaffenheit des Fleisches und Geschmack

Das Fleisch ist weiß, duftet angenehm und läuft, wenn man es schneidet, allmählich rosa an – auch dies ist ein untrügliches Zeichen für den Champignon.

Verwendung

Der Wiesen-Champignon ist ein ausgesprochen wohlschmeckender Speisepilz, den man gebraten und gedünstet zubereiten kann. Er passt gut zu Fleischgerichten und in Suppen. Als rohe Beigabe, etwa in Salaten, sollten nur Zuchtpilze aus dem Handel verwertet werden.

Wissenswertes, Anekdoten

Man sollte den Pilz mit einem Pinsel oder Tuch säubern. Reinigt man ihn mit Wasser, dann saugt er sich schnell voll und sein Aroma geht verloren.

Sammeln, Aufbewahren, Verarbeiten

Wer sich mit Wildkräutern beschäftigt, sieht plötzlich die Natur mit anderen Augen. Pflanzen, die bislang als lästiges Unkraut galten, sind auf einmal von Wert. Brachliegende Flächen werden zur Quelle von wild wachsenden Nahrungsmitteln – man muss sich nur genau umschauen, um fündig zu werden. Und wenn man dann das Aussehen, den Duft und die Geschmacksnuancen der Kräuter, Pilze und Früchte verinnerlicht hat, findet man einzelne Arten rasch allerorten wieder. Und wie geht man dabei nun am besten vor? Wie verarbeitet man seine Fundstücke am besten? Diese und andere Fragen beantworten Ihnen die folgenden Checklisten.

WO UND WANN SAMMELN?

- Zum Sammeln in der näheren Umgebung bieten sich vor allem folgende Orte an: Brachflächen, Grünstreifen abseits von Straßen, Uferböschungen, Wälder sowie Wiesen- und Feldränder, sofern diese ökologisch bewirtschaftet werden.
- Auch in Landschaftsschutzgebieten dürfen Pflanzen zum privaten Gebrauch gesammelt werden. In öffentlichen Parkanlagen und Naturschutzgebieten ist es dagegen nicht erlaubt. Im § 39 des deutschen Bundesnaturschutzgesetzes heißt es: Jeder darf „wild lebende Blumen, Gräser, Farne, Moose, Flechten, Früchte, Pilze, Tee- und Heilkräuter sowie Zweige wild lebender Pflanzen aus der Natur an Stellen, die keinem Betretungsverbot unterliegen, in geringen Mengen für den persönlichen Bedarf pfleglich entnehmen und sich aneignen."
- Nicht sammeln sollte man auf möglicherweise verunreinigten oder belasteten Flächen wie etwa an stark befahrenen Straßen, an Bahndämmen, auf Fabrikgeländen sowie auf konventionell bewirtschafteten Wiesen und Feldern, die mit Pestiziden behandelt worden sein können.
- Einer der besten und sichersten Orte ist der eigene Garten. Es gehört jedoch ein cleveres Unkrautmanagement dazu, um das Potenzial dort auszuschöpfen (mehr dazu unter „Wildpflanzen im eigenen Garten", Seite 239). Wer keinen eigenen Garten besitzt, hat vielleicht die Möglichkeit, die Beete und Gehölzstreifen in den Gärten von Freunden nach essbaren Kräutern abzusuchen.

- Der Sammelzeitkalender am Ende des Buches (siehe Seite 244) hilft Ihnen, sich zu orientieren, wann von welcher Pflanze welche Teile in der Natur zu finden sind.
- Generell gilt, dass Blüten und Kräuter mit ätherischen Ölen am besten am späten Vormittag gepflückt werden, bevor sich die Düfte in der Wärme verflüchtigen. Beeren dagegen nachmittags, wenn sie besonders süß sind. In den Samen ist um die Mittagszeit der Wirkstoffgehalt am höchsten, in den Wurzeln hingegen früh am Morgen. Sollen Kräuter getrocknet werden, dürfen sie nicht mehr taunass sein.

WAS UND WIE SAMMELN?

- Beschränken Sie sich auf das Sammeln von Pflanzen und Pilzen, die Sie mit Sicherheit kennen oder identifizieren können. Nehmen Sie einen Pflanzenführer auf Ihre Ausflüge mit, der Ihnen im Zweifelsfall Klarheit verschafft.
- Fühlen Sie sich noch unsicher, sollten Sie sich zunächst zum Beispiel auf einer geführten Kräuterwanderung die Wildpflanzen zeigen lassen, die für den Verzehr geeignet sind. Es ist zudem sehr unterhaltsam, sich gemeinsam in einer Gruppe durch die Botanik „zu schmecken“. Man verliert schnell die Scheu, das am Boden wachsende Grünzeug zu probieren, das einem zuvor bestenfalls als Unkraut bekannt war. Entsprechende Adressen für geführte Wanderungen finden Sie im Serviceteil des Buches (siehe Seite 242).
- Pflücken Sie nur gesunde, unbeschädigte Pflanzenteile ab.
- Plündern Sie nie ganze Bestände. Denken Sie daran, dass die Pflanzen weiterleben sollen. Deshalb ist es wichtig, immer einige Exemplare stehen zu lassen.
- Sammeln Sie nur so viel, wie Sie auch wirklich für den eigenen Bedarf brauchen. Frisch ist das Erntegut am gesündesten. Es schmeckt dann knackig und enthält die meisten Vitamine. Blätter für Salate und Blüten zum Dekorieren sollten daher immer frisch verarbeitet werden. Das gilt auch, wenn das Wildgemüse gedünstet oder die Früchte eingekocht werden sollen.
- Gesetzlich geschützte Pflanzen, also alle diejenigen, die auf der sogenannten Roten Liste stehen, dürfen nicht aus der Natur entnommen werden. Entsprechende Hinweise finden

sich in den meisten Bestimmungsbüchern. Aktuelle Informationen geben die örtlichen Naturschutzbehörden heraus.

- Junge Blätter und Triebe lassen sich gut mit den Fingernägeln abknipsen. Für stärkere Triebe sollte man eine kleine Rosenschere dabeihaben und zum Ausgraben von Wurzeln eine Handschaufel oder Hacke.
- Das Erntegut ist nur bedingt in Plastiktüten und Kunststoffbehältern gut aufgehoben. An warmen Tagen schwitzt es darin und beginnt zu faulen. Besser, Sie schlagen das Kraut in feuchte Tücher ein und transportieren es in einem Korb. Während des Transports sollte es kühl und schattig gehalten und anschließend schnell verarbeitet werden.

WAS IST BEIM PILZESAMMELN ZU BEACHTEN?

- Schneiden Sie die Pilze dicht über dem Boden ab. Auf keinen Fall ausreißen: Das Pilzgeflecht im Boden wird sonst mit entfernt und treibt im nächsten Jahr weniger Fruchtkörper. Das sind die Pilze, wie wir sammeln möchten.
- Sammeln Sie Pilze in Körben oder Pappschalen. Die Pilze brauchen Luft. In Plastiktüten und geschlossenen Gefäßen kann sich Kondenswasser bilden und die Früchte faulen.
- Nutzen Sie die Hilfe von Pilzberatungsstellen, wenn Sie unsicher sind. Vereine, Apotheken und freie Träger bieten während der Pilzsaison Anfang August bis Anfang Oktober Pilzberatung an (Adressen siehe Seite 242).
- Die WHO empfiehlt, nicht mehr als 250 Gramm Wildpilze pro Woche zu essen. Kleinkinder, Schwangere und Stillende sollten ganz auf Wildpilze verzichten. Zuchtpilze sind kein Problem. Sie wurden unter kontrollierten Bedingungen herangezogen und enthalten in der Regel keine Schadstoffe.

VORSICHT IST GEBOTEN ...

bei allergischen Reaktionen: Besonders Vertreter aus der Familie der Doldenblütler wie der Wald-Engelwurz und der Wiesen-Bärenklau können bei Menschen mit empfindlicher Haut Rötungen und Ausschlag hervorrufen, wenn Teile der Pflanzen mit der Haut in Berührung kommen. Diese Reaktion wird vor allem durch Sonnenlicht begünstigt. Tragen Sie daher am besten langärmelige Kleidung und Handschuhe beim Sammeln dieser Gewächse. Auch auf andere Pflanzen können Menschen mit entsprechender Veranlagung allergisch reagieren, etwa auf Korbblütler wie Beifuß oder Wermut. Wer vergleichbare Symptome bemerkt, sollte diese Pflanzen meiden und einen Facharzt für Allergologie befragen.

bei Pflanzen, die Oxalsäure enthalten, wie Sauerampfer, Weißem Gänsefuß und Gutem Heinrich. Menschen mit Nierenerkrankungen oder mit einer Neigung zu Rheuma sollten diese Pflanzen nur in Maßen zu sich nehmen. Das gilt auch für Schwangere und Frauen in der Stillzeit. Oxalsäure lässt sich teilweise entfernen, wenn man das Kraut kurz kocht, das Wasser abgießt und es in frischem Wasser fertig gart.

bei Salbei und Beifuß: Sie sind für Schwangere und Frauen in der Stillzeit tabu. Salbei kann den Milchfluss unterbinden und Beifuß den Organismus zu sehr stimulieren.

beim Fuchsbandwurm: Es besteht die Möglichkeit, sich durch Tierkot an gesammelten Waldfrüchten mit Eiern des Fuchsbandwurms zu infizieren. Es empfiehlt sich bei Unsicherheit, gewisse Hygienemaßnahmen durchzuführen, damit eine Infektion ausgeschlossen werden kann. Pilze, Waldfrüchte und dergleichen sollten vorher in jedem Fall sorgfältig gewaschen und wenn möglich auch gekocht werden. Eine Alternative zum Kochen: Alles trocknen, innerhalb von wenigen Tagen sterben die Bandwurmeier ab. Auch ein gründliches Händewaschen nach getaner Arbeit ist nützlich. So kann man auf einfachste Weise einer Infektion vorbeugen. Achtung: Einfrieren hat keine Wirkung, da die Eier erst ab minus 80 Grad abgetötet werden. Das Arbeiten mit handelsüblichen Desinfektionsmitteln zeigt keinerlei Wirkung. Tipp: Auch eine Anfrage beim Forstamt bringt Sicherheit.

beim Großen Leberegel: Auf feuchten Wiesen und in Gewässern in der Nähe von Viehbeständen können seine Larven dicht unter der Wasseroberfläche wachsenden Pflanzen anhaften. So werden sie von Rindern, Schafen oder anderen Pflanzenfressern aufgenommen. Zum Beispiel bei Brunnenkresse, Bachbungen-Ehrenpreis, Sauerampfer und Löwenzahn besteht die Gefahr, dass auch Menschen sich infizieren können.

WIE ZUBEREITEN ODER VERARBEITEN?

Salat: Mischen Sie die jungen Blätter und Sprosse verschiedener Wildkräuter und schmecken Sie diese dann mit Essig und Öl sowie Salz und Pfeffer ab. Das frisch gesammelte Grün kann auch Blatt-, Rohkost- und Kartoffelsalaten beigemischt werden. Denken Sie daran, dass die Salate mit essbaren Blüten dekoriert noch appetitlicher aussehen.

Suppe: Am Donnerstag vor Ostern wurde früher die sogenannte „Gründonnerstagssuppe" gekocht. Sie enthielt bis zu neun verschiedene Wildkräuterarten, zum Beispiel die jungen Triebe von Brennnesseln, Giersch, Vogelmiere, Gänseblümchen, Löwenzahn, Wegerich, Sauerampfer, Bärlauch und Taubnessel. Diese werden in einer Gemüsebrühe kurz aufgekocht und abschließend mit Sahne, Salz, Pfeffer, eventuell auch mit Muskatnuss und Olivenöl abgeschmeckt. Suppen können auch aus anderen Wildkräutern oder nur einer einzelnen Art, zum Beispiel aus Sauerampfer, hergestellt werden. Wer es etwas sämig liebt, sollte die Suppe mit Mehl, Haferflocken oder Kartoffelmehl andicken.

Wildkräutergemüse: Bereiten Sie diese wie Spinat zu. Gibt man ein bisschen Natron hinzu, behalten die Blätter ihre schöne grüne Farbe. Das Gemüse kann auch mit Spinat gemischt und mit Zwiebeln, Sahne sowie Haferflocken verfeinert werden. Es wird als Hauptgericht mit Kartoffeln oder als Beilage serviert. Außerdem eignet es sich vorzüglich zum Füllen von Aufläufen, Tartes und Omelettes.

Nach kurzem Blanchieren können Wildkräuter auch wie Spinat eingefroren werden.

Kräuterbutter und Kräuterquark: Wildkräuter werden am besten mit einem Wiegemesser gehackt. 100 Gramm weiche Butter werden mit einer Handvoll frischer Kräuter und einem Teelöffel Zitronensaft vermischt. Auf 250 Gramm Magerquark kommen die gleiche Kräutermenge, 50 Gramm

Joghurt und ein Esslöffel Olivenöl. Zum Schluss werden die Mischungen mit Salz und Pfeffer abgeschmeckt.

Sahnesauce zu Spaghetti: Schneiden Sie etwa 100 Gramm Kräuter, zum Beispiel Bärlauch, Giersch, Brennnesseln, Wegerich oder Sauerampfer, klein und dünsten Sie diese zusammen mit zwei Esslöffel Olivenöl und dem Saft einer gepressten Knoblauchzehe in der Pfanne an. Dann 200 Milliliter Sahne dazugeben. Die Sauce reicht für 250 Gramm Spaghetti. Mit geriebenem Parmesankäse servieren.

Konfitüre: Wichtig für die Haltbarkeit sind mit heißem Wasser und Spülmittel gründlich gesäuberte Gläser, in welche die heiße Konfitüre gefüllt wird. Grundsätzlich reichen der zugefügte Zucker und die in den Früchten enthaltenen Säuren sowie das Pektin unreifer Früchte für das Gelieren und Haltbarmachen aus. Die Dauer des Einkochens richtet sich nach dem Reifegrad der Früchte sowie deren Gehalt an Zucker und Säure. Eine Gelierprobe ist nötig, um zu sehen, ob ausreichend lange eingekocht wurde. Man füllt etwas Fruchtmasse auf einen Teller und stellt sie kurz in den Kühlschrank. Geliert die Probe sogleich, ist die Konfitüre fertig. Ganz einfach lässt sich dagegen Konfitüre mithilfe von Gelierzucker herstellen. Eine Mischung mit den Früchten muss dann nur einige Minuten lang kochen.

Säfte: Sie lassen sich in größeren Mengen am besten in einem Dampfentsafter gewinnen. Die Früchte können darin mit Kernen, Stielen und Schale verarbeitet werden. Die Vitamine werden geschont, weil der Wasserdampf die Früchte komplett umschließt und die Luft verdrängt. So wird Vitamin C hitzebeständig. Der Saft sollte direkt in sterilisierte Flaschen fließen, die dann unverzüglich zugeschraubt werden. Während des Abkühlens entsteht in den Flaschen ein leichtes Vakuum. Kleinere Saftmengen können auch in einem Topf mit etwas Wasser gewonnen werden, wie bei der Heidelbeere beschrieben.

Trocknen: Kräuter zum Trocknen dürfen nicht gewaschen werden, da sie sonst leicht schimmeln. Binden Sie diese zu Sträußen und hängen Sie diese kopfüber an einem trockenen,

luftigen und schattigen Ort auf. Wenn das Kraut knistert und zwischen den Fingern zerbröselt, wird es in Behälter gefüllt, die vor Licht und Feuchtigkeit schützen. Geeignet sind verschließbare braune Glasgefäße oder spezielle beschichtete Tüten und Dosen.
Viele Früchte und Samen können erst getrocknet und dann fein gemahlen werden. Früher wurden sie unters Mehl gemischt und verbacken. So hat man es in Notzeiten gestreckt, beispielsweise mit zermahlenen Nüsschen aus den Hagebutten und Bucheckern.

WIE WERDEN PILZE RICHTIG ZUBEREITET?

- Bürsten Sie Wildpilze vorsichtig, aber gründlich unter fließendem Wasser ab. Lassen Sie diese aber nicht im Wasser liegen, sonst saugen sie sich voll und verlieren an Aroma. Nach dem Waschen trocken reiben.
Bei geringer Verschmutzung bürstet man edle Pilzsorten nur mit einem weichen Pinsel trocken ab. So bleibt das Aroma voll erhalten.
- Entfernen Sie die Lamellen- oder Röhrenschicht bei Wildpilzen. Hier konzentrieren sich Schadstoffe.
- Braten macht Pilze besonders aromatisch. Die Pilze schmecken am besten, wenn sie leicht gebräunt sind und die Pilzflüssigkeit eingekocht ist. Das Gericht erst zum Schluss würzen. Vorheriges Salzen macht die Pilze zäh.
- Anders als oft zu lesen ist, können Pilzgerichte problemlos aufgewärmt werden. Allerdings sollten Sie die Reste nicht lange aufbewahren. Pilze sind leicht verderblich.
- Einige Pilzsorten vertragen sich nicht mit Alkohol. Das gilt vor allem für Pilze aus der Gruppe der sogenannten Tintlinge, die in diesem Buch nicht erwähnt wurden. Die Symptome können beispielsweise Herzrasen, Übelkeit sowie Hautrötungen sein.
- Mit getrockneten Pilzen bewahrt man das Pilzaroma für den Winter. Zum Trocknen eignen sich am besten Dörröfen. Zur Not geht es auch im geöffneten Backofen bei etwa 40 Grad. Sie lassen sich auch in Scheiben geschnitten auf eine Schnur ziehen und an einem trockenen Ort aufhängen.

WILDPFLANZEN IM GARTEN

Gartenbesitzer können sich freuen. Sie haben in der Regel mehr kulinarische Schätze in ihrem Garten, als ihnen bewusst ist. Möglicherweise haben sie bislang noch nicht so genau hingeschaut und viele dieser Kostbarkeiten abfällig als „Unkraut" tituliert – völlig zu Unrecht, wie es sich jetzt herausstellt.

Im Frühling etwa, wenn die meisten Pflanzen noch in den Startlöchern stecken, macht sich zum Beispiel das Hirtentäschelkraut auf den noch freien Beetflächen breit. Schon bald folgt ihm die Vogelmiere. Auch sie „fürchtet" die Konkurrenz und nutzt daher den Freiraum, den ihr das frühe Jahr bietet. Später findet man beide oft nur dort, wo sie dem Verdrängungswettbewerb standhalten können.

Ganz anders verhalten sich Brennnesseln und Giersch, die zu den robusten Vertretern der Wildpflanzen zählen und die sich ohne Rücksicht ausbreiten. Vor allem letzteres Kraut besitzt die Fähigkeit, mithilfe unterirdischer Ausläufer den ganzen Garten zu unterwandern. Der Anblick einer Gierschpflanze treibt Gartenfreunden zu Recht den Angstschweiß auf die Stirn. Denn sie müssen befürchten, bald allerorten von diesem hartnäckigen Kraut heimgesucht zu werden.

Wer Giersch als schmackhaftes Wildgemüse stressfrei und geschickt nutzen möchte, sollte dem Kraut einen bestimmten Platz zugestehen, um es so bequem in Schach halten zu können. In größeren Gärten finden sich häufig Ecken, in denen sich Giersch ausbreiten kann, ohne zu stören. Und auf kleinen Flächen wird das Kraut durch eine Wurzelsperre umzingelt. Dazu gräbt man einen 30 Zentimeter breiten Streifen Teichfolie senkrecht in den Boden ein. Möchte man zusätzlich einen gestalterischen Akzent setzen, errichtet man auf der Trennlinie eine Natursteinmauer, die gleichzeitig die Teichfolie kaschiert.

So entsteht ein Wildkräutergarten, in dem auch anderer ausbreitungswilliger Wildwuchs im Zaun gehalten wird, wie etwa Brennnesseln, Gundermann, Himbeeren und Brombeeren. Zusätzlich ist darauf zu achten, dass diese Wildkräuter nicht durch eigene Samen aus ihrer Umzingelung ausbrechen. Daher sollten sie spätestens mit dem Verblühen abgemäht werden. Dies hat auch den Vorteil, dass man anschlie-

ßend nochmals frisches nachsprießenden Grün von ihnen ernten kann.
Auch alle Minzearten sollten durch eine Wurzelsperre an ihrem Ausbreitungsdrang gehindert werden. Sie brauchen jedoch einen gesonderten Platz, da sie sich nicht gegen Giersch behaupten können.

Viele Wildgemüsearten baut man wie richtige Nutzpflanzen an. Es werden also Beete abgesteckt, und es wird in Reihen ausgesät oder ausgepflanzt. Das Standardwerk „Handbuch des gesamten Gemüsebaus" von 1956 führt noch Garten-Melde, Pastinake, Wermut, Beifuß, Löwenzahn und diverse Ampferarten als Kulturpflanzen an. Im Handbuch Bio-Gemüse von 2010 finden sich auch noch Guter Heinrich, Winterkresse und Brunnenkresse. Einige dieser Wildarten werden demnach auch für den Erwerbsgärtner wieder interessant. Wer das Wildgemüse nur vereinzelt im eigenen Garten kultivieren möchte, besorgt sich Jungpflanzen oder zieht diese aus Saatgut selbst heran und setzt sie dann in größere Töpfe oder zu den Zierpflanzen in die Beete (Bezugsquellen für Saatgut von Wildkräutern und -gemüse siehe Seite 242).

Die Grenzen zwischen Wild- und Zierpflanzen sind ohnehin fließend. Fetthenne, Lungenkraut, Schafgarbe, Wiesenmargerite und Pfennigkraut werden auch als Gartenstauden gehandelt, ebenso Kräuter wie Dost, Bärlauch, Thymian, Wiesenknopf und Waldmeister. Geteilt ist die Meinung bei Weidenröschen, Klatschmohn, Wilder Malve und Nachtkerze: Für die einen sind sie unverzichtbares Inventar eines Naturgartens, andere zählen sie dagegen zu den Wildpflanzen. Letztlich entscheiden der Charakter des Gartens und die Konkurrenzkraft der Pflanze darüber, welchen Platz der schmackhafte Wildwuchs erhält. Die Frage ist also: Will man ihn weitestgehend in die Gesamtgestaltung integrieren oder ihm lieber einen gesonderten Standort zuweisen? Deutlich sollte jedoch gesagt werden, dass die Aufnahme von Wildkräutern nicht notgedrungen zu einem „unordentlichen" Aussehen des Gartens führen muss, wenn diese geschickt in die Anlage eingebunden werden.

Auch Wildgehölze lassen sich zwanglos unterbringen. Haselnuss, Holunder, Kornelkirsche, Schlehe, Berberitze, Sanddorn und Hundsrosen passen wunderbar in die Hecke, die einen Garten ohnehin umgibt. Aus Ebereschen werden prachtvolle Hausbäume. Wer mehr Raum zur Verfügung hat, kann auch auf Buchen, Eichen und Linden zurückgreifen.

Service

Adressen

Geführte Kräuterwanderungen (eine Auswahl)

NABU
www.nabu.de, Stichwort: Pilze sammeln
Termine und Ansprechpartner für Führungen nach Bundesland

BUND
www.bund-berlin.de. Stichwort: Pilze Sammeln, Seminare unter www.pilz-seminare.de

Weitere Adressen für Kräuterwanderungen in Deutschland, Österreich und der Schweiz, nach Postleitzahlen geordnet, finden Sie unter:
www.essbare-wildpflanzen.de, Stichwort: Bildungsangebote

Kostenlose Messungen

Das Umweltinstitut München e. V. untersucht Wildpilze, Beeren und Wild auf radioaktive Belastung. Wer Klarheit sucht, kann sein Sammelgut prüfen lassen. Dazu schicken Sie Ihre Proben ein. Das Ergebnis kann dann per Telefon abgefragt werden. Die Untersuchung ist kostenlos. Infos und Aufträge für eine Messung finden Sie unter:

www.umweltinstitut.org, Rubrik „Radioaktivität, Messungen"
Das Angebot gilt von Anfang August bis Ende Oktober.

Pilzberatung

Holen Sie fachkundigen Rat, wenn Sie unsicher sind. Botanische Gärten, Vereine, Apotheken und freie Träger bieten während der Pilzsaison Anfang August bis Anfang Oktober Pilzberatungen an. Oft finden sich auch in der Lokalpresse Hinweise zu den Anlaufstellen.

Legen Sie den Pilzberatungsstellen keine wahllos gesammelte Beute vor. Ein einzelner Pilz pro Sorte reicht, um seine Art zu bestimmen. Machen Sie sich Notizen zum Fundort: Laub-, Nadel- oder Mischwald? Welche Baumarten stehen in der Umgebung der Pilze? Für Fachleute können dies wichtige Hinweise sein.

Tipp: Die Deutsche Gesellschaft für Mykologie e. V. bietet auf ihrer Homepage Kontaktdaten (nach Postleitzahlen geordnet) von Pilzsachverständigen (PSV) in Ihrer Nähe an:

www.dgfm-ev.de, Rubrik „PilzCoach, PSV & Fachberatung".

Literatur

Quellen und Lesetipps

Becker-Dillingen, J.: Handbuch des gesamten Gemüsebaues, einschließlich der Küchenkräuter, Paul Parey Verlag, Berlin und Hamburg, 1956

Bürgerliches Kochbuch: erprobt und bewährt. Die Ernährung des Menschen. Der Allezeit gut gedeckte Tisch, Hrsg.: Porzellan-Fabriken Bauscher, Weiden und Lorenz, Hutschenreuther, 3. Auflage, Eigenverlag, Selb, o. J.

Couplan, F.; Dumaine, J.-M.: Wildpflanzen für die Küche. Botanik und Sammeltipps mit Rezepten von Jean-Marie Dumaine, AT-Verlag, Aarau und München, 6. Auflage, 2011

Dumaine, J.-M.: Kochen mit Wildpflanzen. Meine Lieblingsrezepte mit den 100 häufigsten Wildkräutern und Wildpflanzen, AT-Verlag, Baden und München, 2. Auflage, 2011

Körber-Grohne, U.: Nutzpflanzen in Deutschland. Kulturgeschichte und Biologie, Konrad Theis Verlag, Stuttgart, 1994

Marzell, H.: Wörterbuch der deutschen Pflanzennamen. Erster Band, S. Hirzel Verlag, Stuttgart/Leipzig,1943; zweiter Band, S. Hirzel Verlag, Stuttgart/Leipzig, 1972; dritter Band, S. Hirzel Verlag, Stuttgart/Leipzig, 1977; vierter Band, S. Hirzel Verlag, Stuttgart/Leipzig, 1979

Sammelzeitkalender

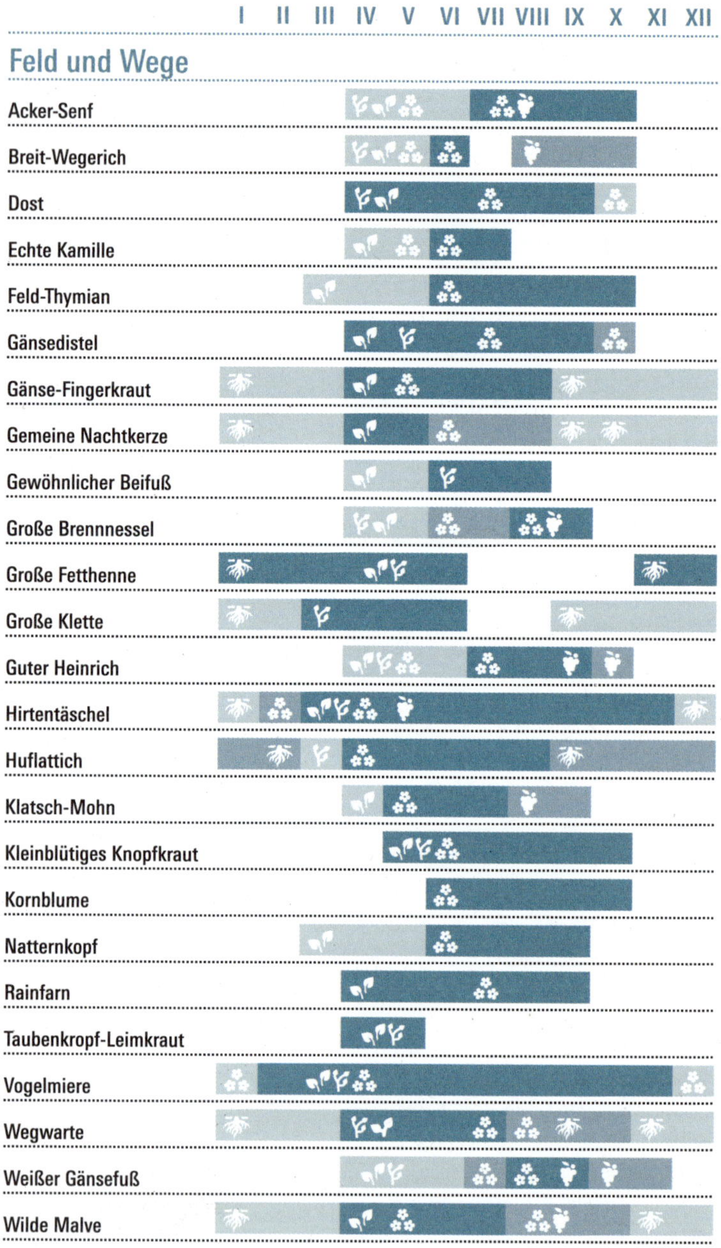

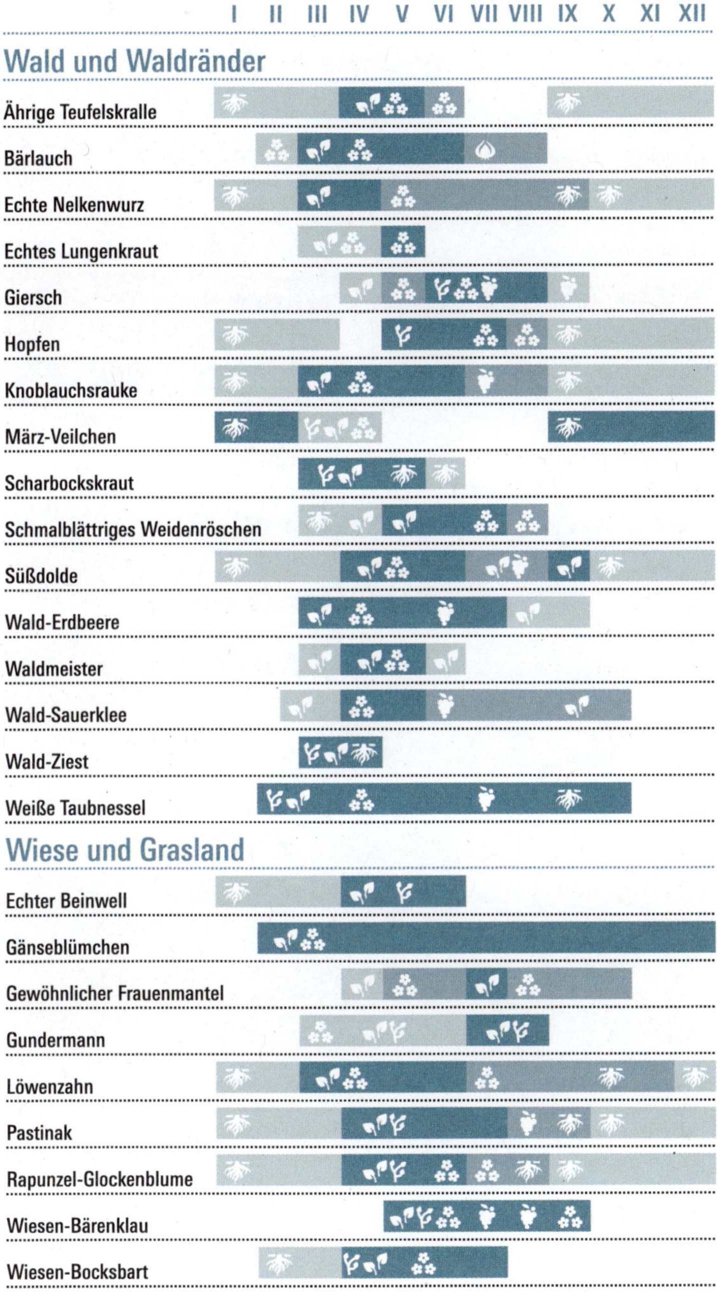
I II III IV V VI VII VIII IX X XI XII
Wald und Waldränder
Ährige Teufelskralle
Bärlauch
Echte Nelkenwurz
Echtes Lungenkraut
Giersch
Hopfen
Knoblauchsrauke
März-Veilchen
Scharbockskraut
Schmalblättriges Weidenröschen
Süßdolde
Wald-Erdbeere
Waldmeister
Wald-Sauerklee
Wald-Ziest
Weiße Taubnessel
Wiese und Grasland
Echter Beinwell
Gänseblümchen
Gewöhnlicher Frauenmantel
Gundermann
Löwenzahn
Pastinak
Rapunzel-Glockenblume
Wiesen-Bärenklau
Wiesen-Bocksbart

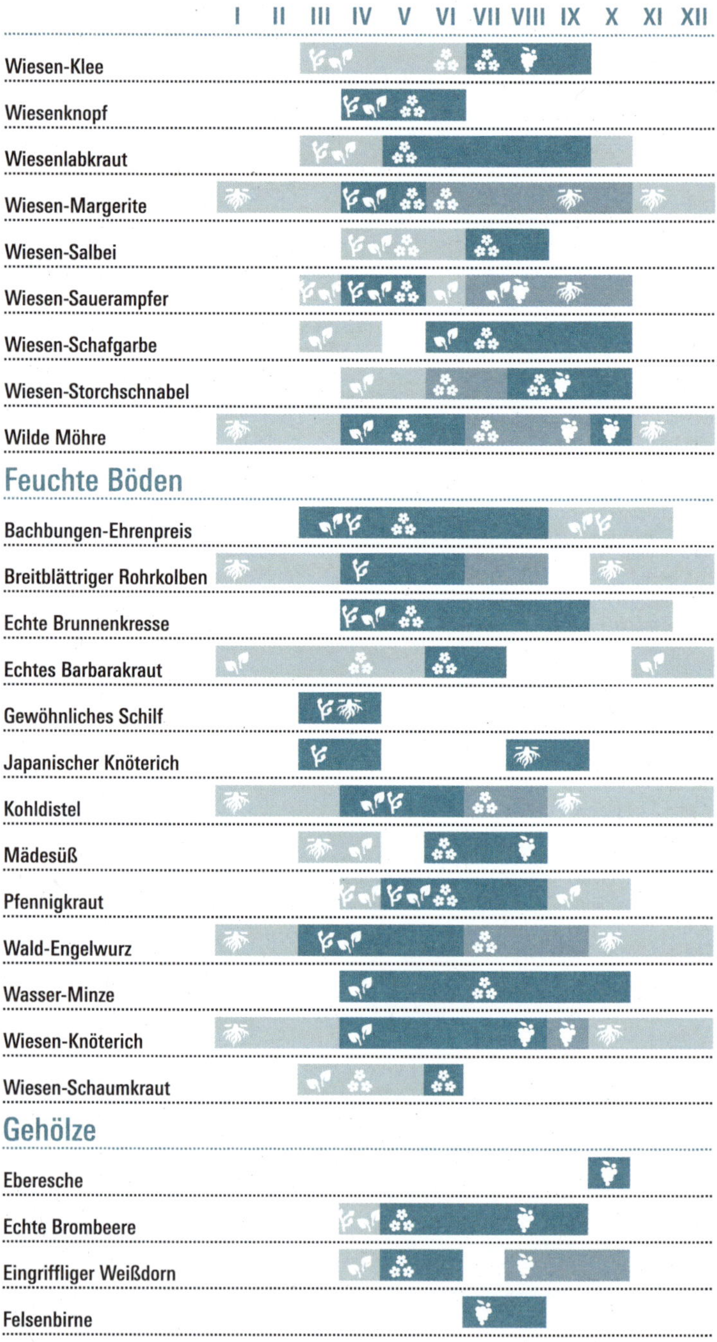
I II III IV V VI VII VIII IX X XI XII
Wiesen-Klee
Wiesenknopf
Wiesenlabkraut
Wiesen-Margerite
Wiesen-Salbei
Wiesen-Sauerampfer
Wiesen-Schafgarbe
Wiesen-Storchschnabel
Wilde Möhre
Feuchte Böden
Bachbungen-Ehrenpreis
Breitblättriger Rohrkolben
Echte Brunnenkresse
Echtes Barbarakraut
Gewöhnliches Schilf
Japanischer Knöterich
Kohldistel
Mädesüß
Pfennigkraut
Wald-Engelwurz
Wasser-Minze
Wiesen-Knöterich
Wiesen-Schaumkraut
Gehölze
Eberesche
Echte Brombeere
Eingriffliger Weißdorn
Felsenbirne

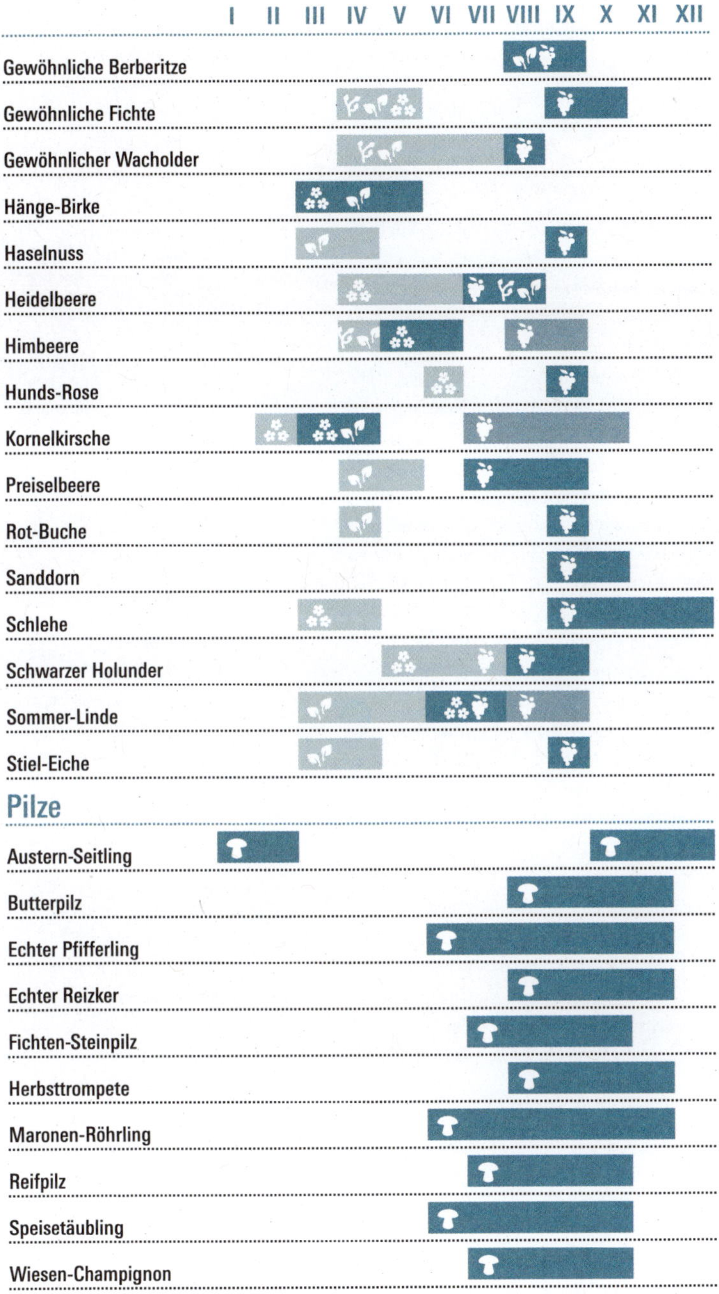
I II III IV V VI VII VIII IX X XI XII
Gewöhnliche Berberitze
Gewöhnliche Fichte
Gewöhnlicher Wacholder
Hänge-Birke
Haselnuss
Heidelbeere
Himbeere
Hunds-Rose
Kornelkirsche
Preiselbeere
Rot-Buche
Sanddorn
Schlehe
Schwarzer Holunder
Sommer-Linde
Stiel-Eiche
Pilze
Austern-Seitling
Butterpilz
Echter Pfifferling
Echter Reizker
Fichten-Steinpilz
Herbsttrompete
Maronen-Röhrling
Reifpilz
Speisetäubling
Wiesen-Champignon

Register

2., aktualisierte Auflage

Stiftung Warentest
Lützowplatz 11–13
10785 Berlin
Telefon 0 30/26 31–0
Fax 0 30/26 31–25 25

email@stiftung-warentest.de

USt-IdNr.: DE136725570

Vorstand: Hubertus Primus
Weitere Mitglieder der Geschäftsleitung:
Dr. Holger Brackemann, Daniel Gläser

Programmleitung: Niclas Dewitz

Autorin/Autor: Michael Breckwoldt
Projektleitung/Lektorat: Veronika Schuster
Fachliche Beratung: Prof. Dr. Renate Scheibe, Lehrstuhl für Pflanzenphysiologie, Universität Osnabrück
Korrektorat: Jonas Dallmann
Gestaltung, Layout, Bildredaktion: Martina Römer
Bildnachweis – Titel: GettyImages / Yuri Macsimov
Innenteil: Adobe Stock / Axel Gutjahr (S. 120), beatuerk (S. 194), Birgit Kutzera (S. 70), bright (S. 180), Carola Krokowski (S. 190) Christof Lippmann (S. 230), Dario Sabljak (S. 184), Duöan Zidar (S. 208), fmfoto (S. 104), Food-micro (S. 24), Fotolyse (S. 84), Gerisch (S. 6), JM Fotografie (S. 8), Kalle Kolodziej (S. 92), leomalsam (S. 206), Liudmila Travina (S. 186), M. Schuppich (S. 36), Maikaefer (S. 102), Manfred Ruckszio (S. 4), Maslov Dmitry (S. 210), miket (S. 56), percent (S. 188), Ramona Heim (S. 222), raumsafari (S. 34), RenÈ Metzler (S. 200), Sergey Yakovlev (S. 114), Uwe Pillat (S. 198), Uwe Wittbrock (S. 166, 218);
Alamy Stock Photo / Biosphoto (S. 122), Henri Koskinen (S. 224), Viktor Loki (S. 122);
Avenue / Brian Durell (S. 156), Clément Philippe (S. 18), De Meester Johan (S. 160), FLPA/Marcus Webb (S. 62), FLPA/Richard Becker (S. 80), Foodcollection (S. 164), Garden World Images (S. 72, 96, 98, 158), Nigel Downer (S. 28), Reinhard Hölzl (S. 74), Stefan Auth (S. 106), Thomas Götzfried (S. 228);
GettyImages / Cisca Castelijns/Foto Natura/Minden Pictures (S. 182), Leroy Simon (S. 118);
iStock (S. 184, 190) / Anatolii Boida (S. 44), Angelafoto (S. 202), Anna Milkova (S. 154), AY Images/Anna Yu (S. 54), by_adr (S. 212), diephosi (S. 22), digihelion (S. 170), ermingut (S. 78), Gouilloux Bruno (S. 241), Gwengoat (S. 174), HansJoachim (S. 138, 152), hsvrs (S. 52, 204), hmproudlove (S. 88), Ian Redding (S. 124), Jaap2 (S. 170), jjpoole (S. 100), Johannes Hansen (S. 150), JoolsBerlin (S. 108), Julie and Vic Pigula (S. 52), Kazakov (S. 172), Knaupe (S. 142), lauriek (S. 212), lubilub (S. 112, 168), Mantonature (S. 60, 118), Maren Mueller (S. 116), Martin McCarthy (S. 67), Martina Berg (S. 2, 156), mashabuba (S. 94), nzfhatipoglu (S. 16), ouchi_iro (S. 86), orzeczenie (S. 132), Patrick Baehl de Lescure (S. 148), petrovval (S. 14), Pippa West (S. 46), Queserasera99 (S. 50), RA3RN (S. 216), RicoK69 (S. 110), Roger Whiteway (S. 44), Romaoslo (S. 90), Tatyana Sanina (S. 176), tjasam (S. 182), tomasztc (S. 220), Tom Meaker (S. 66), typo-graphics (S. 214), tytyeu (S. 82), Valentin Kosilov aka ArgenLant (S. 134), weisschr (S. 140), Whiteway (S. 64, 202), wholden (S. 136);
Lavendelfoto / Christa Palma (S. 26, 40, 128), Dr. Hans-Heinrich Müller (S. 226), Gerhard Höfer (S. 30, 32, 38, 42, 48, 58, 68, 76, 126, 130, 144, 146, 192, 196), Justus de Cuveland (S. 192), Roland Oster (S. 48);
StockFood.com / Ottmar Diez (S. 20)

Produktion: Vera Göring
Verlagsherstellung: Rita Brosius (Ltg.), Romy Alig, Susanne Beeh
Litho: Metagate, Berlin
Druck: Westermann Druck Zwickau GmbH

ISBN: 978-3-7471-0194-0

Wir haben für dieses Buch 100% Recyclingpapier und mineralölfreie Druckfarben verwendet. Stiftung Warentest druckt ausschließlich in Deutschland, weil hier hohe Umweltstandards gelten und kurze Transportwege für geringe CO_2-Emissionen sorgen. Auch die Weiterverarbeitung erfolgt ausschließlich in Deutschland.